彩图 1 君山银针的干茶、汤色、叶底

彩图 2 蒙顶黄芽的干茶、汤色、叶底

彩图 3 莫干黄芽的干茶、汤色、叶底

彩图 4　霍山黄芽的干茶、汤色、叶底

彩图 5　平阳黄汤的干茶、汤色、叶底

彩图 6　沩山毛尖的干茶、汤色、叶底

彩图 7　远安鹿苑的干茶、汤色、叶底

彩图 8　北港毛尖的干茶、汤色、叶底

彩图 9　皖西黄大茶的干茶、汤色、叶底

彩图 10　广东大叶青的干茶、汤色、叶底

彩图 11　茶叶相关质量体系标准

极凉	凉　　性					中性	温　性		
苦丁茶	绿茶	黄茶	白茶	普洱生茶（新）	轻发酵乌龙茶	中发酵乌龙茶	重发酵乌龙茶	黑茶	红茶

彩图 12　常见茶类品性对照比较

HUANGCHA JIAGONG YU
SHENPING JIANYAN

黄茶

加工与审评检验

张星海　冉茂垠　主编

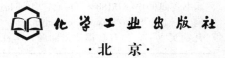

化学工业出版社

·北京·

本书为"现代职业教育茶叶加工与审评检验系列教材"之一。

　　本书是在完成国家职业教育改革发展示范学校建设计划项目基础上，对近年有关黄茶研究的文献资料及生产实践，进行收集、整理与分析而撰写完成的。全书共分七个模块，包括初识黄茶、探究鲜叶、黄茶初制、黄茶精制、黄茶品饮、黄茶审评、理化检验等内容。

　　本书适合作为各类院校茶学相关专业教材，也可以作为企业培训教材和科研人员参考用书。

图书在版编目(CIP)数据

黄茶加工与审评检验/张星海，冉茂垠主编 . —北京：
化学工业出版社，2015.6
　ISBN 978-7-122-23736-1

　Ⅰ.①黄…　Ⅱ.①张…②冉…　Ⅲ.①茶叶-加工
②茶叶-食品检验　Ⅳ.①TS272

中国版本图书馆 CIP 数据核字（2015）第 082027 号

责任编辑：迟　蕾　李植峰　　　　　　　　　　　装帧设计：史利平
责任校对：宋　玮

出版发行：化学工业出版社（北京市东城区青年湖南街 13 号　邮政编码 100011）
印　　装：三河市延风印装有限公司
710mm×1000mm　1/16　印张 14¼　彩插 2　字数 186 千字
2015 年 10 月北京第 1 版第 1 次印刷

购书咨询：010-64518888（传真：010-64519686）　售后服务：010-64518899
网　　址：http://www.cip.com.cn
凡购买本书，如有缺损质量问题，本社销售中心负责调换。

定　　价：32.00 元

《黄茶加工与审评检验》 编写人员

主　　编　　张星海　冉茂垠

副 主 编　　张琴梅　陈　浩

编写人员　　（按姓名汉语拼音排列）

迟　琳（重庆市经贸中等专业学校）

陈　浩（重庆市经贸中等专业学校）

陈应会（重庆市经贸中等专业学校）

程爱萍（浙江松阳职业中等专业学校）

龚　恕（浙江经贸职业技术学院）

孟令峰（四川省贸易学校）

冉茂垠（重庆市经贸中等专业学校）

孙　达（浙江经贸职业技术学院）

许金伟（浙江经贸职业技术学院）

杨贤强（浙江大学茶学系）

虞培力（杭州康萃茶叶科技有限公司）

张琴梅（中国农业科学研究院茶叶研究所）

张星海（浙江经贸职业技术学院）

钟应富（重庆市农业科学院茶叶研究所）

前·言

　　茶，是中华民族的举国之饮，如今已成了风靡世界的三大无酒精饮料（茶叶、咖啡和可可）之首，并将成为 21 世纪的饮料之王。饮茶嗜好已遍及全球，全世界已有 160 余个国家或地区、30 多亿人每天都在喝茶！中国是茶叶的故乡，二十多个产茶省，八千多万茶农，是名副其实的产茶大国。在漫长的生产实践中，中国茶人积累了丰富的茶叶采制经验，历经数千年的发展，产生了花样繁多、品类各异的茶品，且制法之精、质量之优、风味之佳令人叹为观止。中国茶按制作方法不同，可分为六大基本茶类——绿茶、红茶、乌龙茶（青茶）、黄茶、白茶、黑茶；在此基础上再加工成为花茶、紧压茶、萃取茶、粉茶等。中国被称为茶的故乡，不仅因为这里的土地孕育出世界最早的茶树，更因为这里的人们将茶视为一种沟通天地的生命。一千多年来，东方人在一碗茶汤中，感悟生命的真谛，唐朝人煎茶，宋朝人创造了点注的喝法，明朝人一改吃茶的传统，品味到茶叶泡水的清香。近年来，随着茶叶产业的不断升级发展，一个崭新的"茶时代"呈现在众人面前，即中国茶叶产业产值迎来 2000 亿时代、全国人均年消费茶叶 1000 克时代及人人都想茶的时代。这对当前从事茶叶人才教育与培养学校院所既是机遇更是挑战，如何为"茶时代"人才培育编制适宜的教材就是一个不容回避的问题。

　　我国地域辽阔，茶区众多，茶类丰富，品种繁多，注定了茶学人才培养要适宜不同的地域性、专属性及生产实践性。我们组织了一支包括本科、高职、中职院校教师及科研院所和茶叶企业专家组成的教学、科研与生产实践团队，编写一套茶叶加工与审评检验的系列教材（《绿茶加工与审评检验》《红茶加工与审评检验》《黄茶加工与审评检验》《乌龙茶加工与审评检验》《黑茶加工与审评检验》《白茶加工与审评检验》及《名优茶加工与审评检验》），以满足茶叶生产与加工人才培养需要，同时也可以作为企业培训教材和科研人员参考用书。

　　本书是在完成国家职业教育改革发展示范学校建设计划项目基础上，对近年有关各类茶叶研究的文献资料及生产实践，进行收集、整理与分析而撰写完成的。全书共分七个模块，包括初识黄茶、探究鲜叶、黄茶初制、黄茶精制、黄茶品饮、黄茶审评、理化检验等内容。编作过程中参考了许多专家、学者在黄茶等相关茶学领域的研究成果和资料，在此谨表谢意！

　　鉴于黄茶研究资料有限，同时受笔者水平限制，本书存在许多不完善的地方，缺点在所难免，衷心希望茶学专家与广大茶叶爱好者予以匡正，以期再版时予以修正，对此谨致以最真诚的感谢。

编者

2015 年 3 月

目·录

初识黄茶

　　我国是茶树的原产地和原始分布中心，也是世界上最早饮茶、种茶的国家，不仅我国关于茶的丰富历史资料可以证实，也早已被17世纪瑞典著名植物分类学家林奈所肯定，同时也是世界各国植物学家已达成的共识，任何断章取义、企图歪曲事实的做法都是站不住脚的。世界各国茶叶栽培和制作技术均是由我国传去，饮茶习俗和茶文化同样由我国输出。

　　黄茶是中国特有茶类之一，独特的"闷黄"工艺造就了其"黄汤黄叶"的品质特征，既不似绿茶的清醇甘爽，又不似红茶的甜和浓强。黄茶是以醇和厚味、火功旺重给消费者一种朴实无华的感受。黄茶包容性强，老嫩相差甚大。嫩者，单芽名贵；老者，叶大梗粗，亦是部分消费者杯中之宝。黄茶属于小众茶，当前每年全国总产量在6000～7000吨，占全国茶叶产量总值不到0.5％；但黄茶全国总产值每年在13亿～13.5亿元，占全国茶叶总产值的1.5％左右。

第一讲　黄茶寻源

　　我国为茶叶的原产国，茶叶种类甚多，花色品种纷繁。从炒青绿茶中发现，由于杀青、揉捻后干燥不足或不及时，叶色即变黄，于是产生了新的品类——黄茶。黄茶是我国独有的、较古老的茶类，早在唐代就有史籍记载。唐代宗大历十四年（公元 779 年）有关史籍即有"淮西节度使李希烈赠宦官邵光超黄茗 200 斤"的记载；说明早在中唐时期，在我国安徽已有黄茶生产。黄茶的杀青、揉捻、干燥等工序均与绿茶制法相似，当绿茶加工工艺把握不当，如炒青杀青温度低，蒸汽杀青时间过长，或杀青后未及时摊凉，或揉捻后未及时炒干、烘干，堆积过久，都会使叶质变黄，产生黄叶黄汤，类似黄茶的出现。据此推测，黄茶的产生可能是从绿茶制法把握不当演变而来的。黄茶加工中最重要的工序在于闷黄，这是形成黄茶特点的关键。黄茶分为黄芽茶、黄小茶和黄大茶三类，具有黄叶黄汤、香气清悦、滋味醇厚的品质特征。

随着黄茶生产的发展，加工技术也在不断革新。如君山银针在清代有"尖茶"和"蔸茶"之分，茶叶采回后要进行"拣尖"，把尖头和叶片分开。芽头如箭的称尖茶，白毛茸然，纳作贡品，又称"贡尖"；拣尖后剩下的叶片叫蔸茶，又称"贡蔸"，色黑少毛，不作贡品。此法一直延续到 1952 年，从 1953 年开始改为直接从茶树上按一定标准采下芽头，省去"拣尖"程序。在加工方面，1952 年前只闷黄一次，历时两昼夜，干茶外形欠黄，香气较低闷，1953 年以后闷黄分两次进行，效果较好。湖南岳阳市为中国黄茶之乡。黄茶中的历史名茶有：湖南的君山银针、北港毛尖、沩山毛尖，四川的蒙顶黄芽，湖北的远安鹿苑茶，安徽的霍山黄芽、皖西黄大茶，广东的大叶青，贵州的海马宫茶，浙江的莫干黄芽、温州黄汤（平阳黄汤、泰顺黄汤）等。其中，君山银针在 1915 年"巴拿马万国博览会"、1959 年全国"十大名茶"评比会均被评为中国十大名茶之一，并在 1956 年 8 月莱比锡国际博览会上荣获金质奖章。另外，需说明的是：浙江的缙云黄茶并不是黄茶类，而属绿茶类，是 2005 年新发现的绿茶变异品种，具氨基酸含量高、胡萝卜素及叶黄素均高的理化特点，有三黄透三绿（干茶金黄透绿，茶汤鹅黄隐绿，叶底玉黄含绿）的品质感官特色。黄茶产量虽然不及绿茶、红茶和黑茶，但其中有很多茶以其质优形美被视为茶中珍品。此外，黄茶较之绿茶，由于增加了闷黄工艺，在热化反应及外源酶的共同作用下，内含成分发生显著变化，滋味变得更加醇和，被茶叶专家推荐为最适宜饮用的茶类。

第二讲　产区扫描

茶树原生长在亚热带地区，具有喜温暖、好湿润的特性，所以世界上绝大多数茶区（产茶国）处于亚热带和热带气候区域，分布于南纬 33°以北和北纬 49°以南的五大洲上，尤以南纬 16°至北纬 20°之间的茶区，最适于茶树生长。我国黄茶主要出产于湖南、湖北、四川、安徽、浙江和广东等省，其他省份也有少量生产，图 1-1 是我国黄茶主要生产地。

图 1-1　我国黄茶主要生产地

黄茶是我国独有的茶类，主要出产于湖南、湖北、四川、安徽、浙江和广东等省，其按鲜叶老嫩和芽叶大小又分为黄小茶、黄大茶和黄芽茶。

1. 黄小茶的主要产区

黄小茶是采摘细嫩芽叶加工而成，主要包括湖南岳阳的"北港毛尖"、湖南宁乡的"沩山白毛尖"、湖北远安的"远安鹿苑"、安徽的"皖西黄小茶"和浙江省平阳一带的"平阳黄汤"。"北港毛尖"属于黄茶里的一种上等茶叶，是我国的特产，也是古代的皇室专用黄茶。

2. 黄大茶的主要产区

黄大茶是采摘一芽二、三叶甚至一芽四、五叶为原料的茶树鲜叶制作而成。主要包括安徽霍山的"霍山黄大茶"，安徽金寨、六安、岳西和湖北英山所产的"黄大茶"和广东韶关、肇庆、湛江等地的"广东大叶青"。安徽的"霍山黄大茶"中又以霍山大化坪金鸡山的金刚台所产的黄大茶最为名贵；"广东的大叶青"为广东的特产，其产地为广东省韶关、肇庆、湛江等县市。

3. 黄芽茶的主要产区

黄芽茶是采摘一芽一叶至二叶初展为原料的茶树鲜叶制作而成。主要有"君山银针"、"蒙顶黄芽"、"霍山黄芽"和"莫干黄芽"，其中最为名贵的是产于湖南省岳阳市君山岛的"君山银针"和四川省名山县蒙山的"蒙顶黄芽"，"君山银针"清代纳入贡茶，而蒙顶茶自唐开始，直至明、清皆为贡品，为我国历史上最有名的贡茶之一。

第三讲　黄茶类别

1. 黄茶的分类

黄茶按鲜叶的嫩度和芽叶大小分类应分为黄芽茶、黄小茶和黄大茶 3 类（图 1-2）。黄茶也有按闷黄工序的先后分为杀青后闷黄、揉捻后闷黄和毛火后闷黄 3 类（图 1-3），此外还有按毛尖形状分类的，如针形（君山银针）、雀舌形（霍山黄芽）、卷曲形（鹿苑毛尖）、扁直

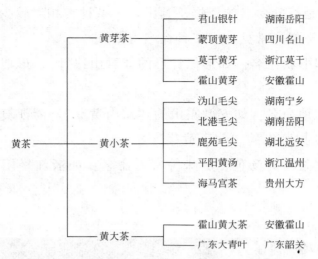

图 1-2　按鲜叶嫩度与大小分类的黄茶

图 1-3　按闷黄工序先后分类的黄茶

形（蒙顶黄芽）、尖形（伪山毛尖）、条形（北港毛尖）、钩形（黄大茶）等。

目前无论从学科的科学分类和市场需求分类，相比而言以第一种分类（按鲜叶嫩度分类）方法相对简约明晰，较为合理。

2. 黄茶的命名

我国的茶类品种繁多，大同小异的数百种茶叶，品种适制性很广，有的品种适制 1 种茶类，有的品种适制 2～3 种以上的茶类。品种的质量不同，制茶的品质也不同。鲜叶由于产地不同而品质不同，鲜叶的质量不同，制法不同，制成的茶"色、香、味、形"各有差异，这些都是茶叶命名的依据。其中，黄茶种类相对较少，命名依据与绿茶比较类似，常见的有三种命名方式。

① 根据形状命名。如形似针形的"君山银针"、形似尖形的"伪山毛尖"等。

② 据产地命名。如安徽霍山的"霍山黄芽"，浙江莫干山的"莫干黄芽"，四川蒙山的"蒙顶黄芽"等。

③ 根据茶叶的汤色、滋味等特点命名。如浙江平阳的"平阳黄汤"等。

第四讲 畅饮有益

黄茶是由于杀青、揉捻后干燥不足或不及时，叶色即变黄，而产生的茶。黄茶的加工方法近似于绿茶，只是在绿茶加工过程增加一道闷黄工序，属于发酵茶，也是一种具有保健功能的茶。多饮黄茶对身体大有裨益，已被现代科学研究所证实的主要表现在以下方面。

1. 抗癌作用

用绿茶和黄茶进行 HT-29 结肠癌细胞体外抗癌效果评价，并通过 MTT 试验、DAPI 荧光染色分析和 RT-PCR 分析验证其抗癌效果。$400\mu g/mL$ 质量浓度下黄茶（80%）表现出对 HT-29 结肠癌细胞的生长抑制效果最强。RT-PCR 检查基因表达情况及 DAPI 染色分析都显示黄茶对 HT-29 结肠癌细胞有较强的诱导其凋亡的能力。黄茶对 AGS 胃癌细胞和 HT-29 结肠癌细胞的抗癌预防效果比绿茶更好。

黄茶鲜叶中天然物质保留有 85% 以上，富含茶多酚、氨基酸、可溶糖、维生素等营养与功效物质，对防癌、抗癌、杀菌、消炎均有特殊效果。

2. 保护脾胃，提高食欲，帮助消化

黄茶是沤茶，在沤的过程中，会产生大量的消化酶，对脾胃最有好处，消化不良、食欲不振、懒动肥胖等都可饮而化之。另外，大量的消化酶可以使脂肪细胞恢复代谢功能，增强消化脂肪功效。

微博神聊　⌄

尝试图文并茂的微信（微博）形式说明"黄茶分类情况及各类黄茶所占份额"，并将该条微信（微博）发到朋友圈（微博空间）与大家交流。

模块二

探究鲜叶

鲜叶俗称"茶青"、"茶草"、"生叶",是指从茶树上采摘下来,专为制茶的茶树新梢,包括顶芽和顶端以下的第一、二、三、四叶以及着生嫩叶的梗。它是茶叶品质的物质基础,优质的鲜叶才能制出优良的茶叶;鲜叶质量又是制定合理制茶技术措施的依据,只有充分地了解鲜叶的形态特征、物理特性和化学成分等质量特性,才能科学地利用鲜叶,充分地发挥鲜叶的经济价值。全面掌握鲜叶的各种特性非常重要,无论是学习制茶,或是要科学地掌握茶叶生产技术,都要对鲜叶有所了解。鲜叶等级评定、贮藏保鲜技术和适制性都是探究鲜叶质量的重要内容。

第一讲 物理表征

茶树鲜叶是指从茶树上采摘下来的幼嫩新梢,包括幼嫩的芽、叶、梗,是生产加工茶叶的原料,是制成不同品质茶叶的物质基础。鲜叶的规格主要有单芽、一芽一叶、一芽二叶、一芽三叶及一芽四叶等;根据叶子展开程度不同,又分为一芽一叶初展、一芽二叶初展和一芽三叶初展。嫩梢生长成熟,出现驻芽的鲜叶称为"开面叶",其中第一叶为第二叶面积的一半,叫做"小开面";第一叶长成第二叶的三分之二,叫做"中开面";第一叶长到与第二叶大小相当,叫做

"大开面"。还有一种鲜叶有驻芽，但节间极短，二片叶片形为对生，若小、硬且薄，就是一种不正常新梢，叫做"对夹叶"。鲜叶按叶片大小来分类，有大叶种、中叶种、小叶种之分；按发芽时间来区分，有早生种、中生种、晚生种之别；按芽叶颜色来区分，有紫芽种、绿芽种；按鲜叶的形状来分，有长叶种、圆叶种、柳叶种；依树型来分，有乔木型叶和灌木型叶。

鲜叶的物理性状是鲜叶内含物质在外部反映所表现出来的特征，主要表现在叶片色泽、大小形状、梗长度、茸毛含量等方面。鲜叶的物理性状因品种、部位不同而表现出差异性，其与鲜叶适制性、成茶品质密切相关。

一、 鲜叶色泽与化学成分

鲜叶色泽与茶树品种、施肥、日照长短都有关系。一般正常生长的鲜叶色泽呈绿色，但由于上述因素的影响，常有深绿、浅绿、黄绿、紫色等不同的色泽。鲜叶色泽不同，其内在化学成分含量和组成也不同（见表2-1），对成茶品质会有不同影响。

表 2-1 不同色泽的鲜叶主要成分含量比较

成分	深绿色鲜叶/%	浅绿色鲜叶/%	紫色叶/%
叶绿素	0.73	0.53	0.50
多酚类	28.54	31.37	30.84
水浸出物	48.89	44.56	49.21
咖啡碱	2.27	2.31	2.28
粗蛋白质	31.78	30.95	30.97

一般而言，深绿色鲜叶的粗蛋白质含量高，多酚类化合物、咖啡碱含量低；浅绿色鲜叶相反，粗蛋白质含量低，多酚类化合物、咖啡碱含量高；紫色鲜叶各种成分介于两者之间。鲜叶制茶适制性与其化学成分含量密切相关。一般而言，多酚类化合物含量高，粗蛋白质、叶绿素含量低的，适宜制红茶、黑茶；多酚类化合物含量低，粗蛋白

质、叶绿素含量高，适宜制绿茶、黄茶。

二、 鲜叶大小与形状

依据鲜叶叶片的大小，有大叶种、中叶种和小叶种之分。成熟老叶长度在 10cm 以上的，称为大叶种；长度在 5～6cm 以下的，称为小叶种；处于中间大小的称为中叶种。小叶种极少，通常是混杂在中叶种之中；因此一般只有大叶种和中小叶种之分。

鲜叶的叶片形状有多种，有卵圆形、倒卵圆形、椭圆形、长椭圆形、披针形、倒披针形、柳叶形等。结合制茶的需要，简化叶形分类，可以根据叶片长宽比值划分为两种类型。比值在 2.2 以下的统称为圆叶形，比值高于 2.2 的统称为长叶形。长叶形鲜叶适制细条形和圆珠形茶叶，圆叶形鲜叶适制扁片形茶叶。叶片长宽比值计算方法如下：

$$比值 R = 叶片长度(mm)/叶片宽度(mm)$$

三、 鲜叶梗长度

鲜叶的梗长和节间长度与制茶品质有很大的关系。一般规律是大叶种比中小叶种的梗长，不同品种的梗长度是不同的，随着芽叶伸长，节间增长。中小叶种芽叶初展时的节间极短，两叶靠近，这种鲜叶适合制作龙井茶、珠形茶、圆形茶叶。对夹叶由于节间短，其叶质较硬，属生长不正常的鲜叶，内含有效物质较少，制茶品质较差。

鲜叶梗中含有较多的能转化为茶叶香气的物质，但能转化为滋味的物质较少，所以单纯以梗加工制成的茶叶香高味醇；梗中所含物质大多数是水溶性的，能随着水分从疏导组织向叶片转移；这些物质转移到叶片后，与叶片内的有效物质结合并转化形成更高更浓的香味物质。在实际生产中，由于鲜叶梗太长，会给制茶技术带来一些操作难题，如干燥不匀、做形比较困难、拣梗量增大等。

四、　鲜叶重量

鲜叶重量常用芽叶个重和百克芽叶个数衡量。鲜叶品种和嫩度不同，芽叶个重和百克芽叶个数也不同（见表2-2）。中小叶种鲜叶，正常采摘的一芽二三叶，百克芽叶个数为267～343个，平均芽叶个重0.219～0.374g。

表 2-2　安徽祁门群体品种鲜叶百克个数和个重

品种	柳叶种	大叶种	小叶种	紫芽种	早芽种	迟芽种	栗叶种
个重/g	0.819	0.435	0.284	0.321	0.293	0.314	0.273
百克个数	122	230	352	316	341	318	366

五、　鲜叶茸毛含量

鲜叶背面着生许多白色的茸毛。同一品种茶树上的鲜叶，白毫的多与少标志着鲜叶的老与嫩。鲜叶愈嫩，白毫愈多，制出的茶叶品质越好。特别是红茶、绿茶及黄茶表现更为明显。品质好的黄茶，一般嫩度高。在黄茶制造中，由于做形或揉捻时茶汁粘附在白毫上，经闷黄发酵作用，使白毫显现油润的色泽。

第二讲　化学组分

茶叶色香味品质，是鲜叶含有的多种化学成分及其变化产物的综合反映。鲜叶中化学成分是形成茶叶品质的物质基础，其化学成分的种类及其配比直接影响茶叶的品质。制茶的任务只是促进鲜叶中的化学成分向有利于茶叶品质形成的方向发展。茶树鲜叶中一般水分含量75%，干物质含量25%。茶叶的化学成分由3.5%～7.0%的无机盐和93.0%～96.5%的有机物组成。构成茶叶有机物或以无机盐形式存在的基本元素有30余种，主要为碳、氢、氧、氮、磷、硫、钾、钙、镁、铁、铜、铝、锰、锌、钼、铅、氯、氟、硅、钠、钴、镉、铋、锡、钛、矾等。目前茶叶中已经分离、鉴定的已知化合物有700多种，其中包括初级代谢产物蛋白质、糖类、脂肪以及次级代谢产物多酚类、色素、茶氨酸、生物碱、芳香物质、皂素等。

茶叶品质的好坏主要取决于两个方面：一是鲜叶内含物质的组成；二是合理的制茶技术。鲜叶是形成茶叶品质的物质因素，制茶技术则是形成茶叶品质的条件因素，合理的制茶技术能使有限的制茶原料获得较好的制茶品质，让鲜叶发挥较大的经济价值。

一、 鲜叶中的化学元素

（一）元素组成

从鲜叶中发现的化学元素近30种，组成水的H和O元素在鲜叶中占有决定性的份额（75%左右），如构成水的O元素占鲜叶总量的66.67%，构成水的H元素也占鲜叶总量的8.33%。鲜叶除水以外的干物质25%左右，这些干物质中所含的化学元素可以分成以下三类：即基本元素、次量元素和微量元素。

1. 基本元素

一般含量占干物质1%以上，对茶树生命活动非常必要，具有含量高，分布广等特点，基本元素及含量情况见表2-3。

表2-3　鲜叶的基本元素及其含量

元　素	O	C	H	N
约占干物重百分比	46%	42%	6%	5%

2. 次量元素

一般含量占干物质的0.5%～1%，这些元素对茶树的生命活动是必不可少的，含量具体情况见表2-4。

表 2-4 鲜叶中次量元素及其含量

元素	P	K	Ca	Mg	S	Fe	Na	Cl
占干重比率/‰	3～4	11～23	3～4	2～3	1～2	0.6～2.0	0.4～1.2	0.5～0.9

元素	Si		Mn		F		Al	
占干重比率/‰	0.4～1.1		0.4～1.3		0.2～1.7		0.1～1.6	

注：表中前 8 个元素含量与一般植物较接近，后 4 个元素含量在一般植物中没有这样高。

3. 微量元素

一般含量很微，占干物质的 0.005%（50μg/g）以下，它们与茶树生命活动有密切的关系，具体元素及含量情况见表 2-5。

表 2-5 鲜叶中微量元素及其含量

元素	Cu	Ni	Zn	Mo	I	Sn	Pb	Be	Ti	Ba
含量/(μg/g)	1～16	3～5	28～45	<0.1	含量较少					

注：Zn 元素在一般植物中含量较高，而在茶树中含量较少。

（二）化学元素含量与茶叶品质的关系

化学元素直接影响茶树的生命活动，与茶树体内物质的形成和转化关系密切。在鲜叶或茶叶中，不同元素含量的高低可以反映鲜叶的老嫩程度，因此，茶叶中的化学元素含量不仅可以作为鲜叶嫩度的生化指标，也可以作为茶叶品质的一个生化指标，茶树鲜叶中 K、K 及 Ca 含量与鲜叶嫩度递减关系见表 2-6。

表 2-6 鲜叶中三个化学元素含量（占干重百分比）与鲜叶嫩度的关系

采摘期	5 月 5 日	6 月 15 日	7 月 15 日	8 月 15 日	9 月 15 日	10 月 15 日	11 月 15 日	老叶
K/%	2.27	1.92	1.62	1.43	1.10	0.97	0.86	0.66
Ca/%	0.44	0.50	0.89	0.93	0.94	1.12	1.19	1.22
P/%	0.41	0.34	0.30	0.29	0.28	0.26	0.26	0.26

注：引自王泽农主编《茶叶生化原理》。

从表 2-6 可以看出，K 和 P 两种元素的含量是随鲜叶逐渐老化而含量逐渐减少，即"嫩多老少"的变化规律。据研究，N、Na、Ni、

Mo 等元素的含量变化规律与 K、P 的变化规律一样，也同样表现出"嫩多老少"的规律。而 Ca、Al、Mn、F、Sn、Pb、Zn、Be、Fe、Si、Ba 等则表现出随着鲜叶的逐渐老化含量逐渐增高的变化规律，即"嫩少老多"。

根据以上不同化学元素在不同嫩度的鲜叶中的变化规律，可以通过化学元素含量的测定来评定成品茶的品质（嫩度），嫩度较高的鲜叶中含有的有效成分较多，品质较好。

二、 鲜叶中的主要化学成分

鲜叶的组成大体可分成水分和干物质两大部分，干物质又可分为有机化合物和无机化合物两部分，前者是干物质的主要组成部分，一般占干物质的 93％～96.5％；后者含量较少，一般只占干物质的 3.5％～7％，通常又将这些无机化合物称为"灰分"。

鲜叶中的有机化合物是茶叶有效成分的主体，数量多，组成复杂。目前已经从茶叶中分离、鉴定的有机化合物超过 450 种；这些有机物可以分为含氮化合物、非氮化合物及其他化合物三大类。三类物质其中含量较多，对茶叶品质影响较大的主要有多酚类、氨基酸、芳香物，生物碱等。这些物质在鲜叶细胞中的主要分布位置及其含量见表 2-7。

表 2-7　鲜叶细胞的主要生化组成

部位	细 胞 壁			细 胞 质				液　　泡						
组成	纤维素	木质素	半纤维素	果胶	蛋白质	脂肪	淀粉	酶类	儿茶素	生物碱	氨基酸	可溶性糖	有机酸	水溶灰分
占干重比率/%		24.3		6.5	17.0	8.0	0.5	微量	22.0	4.0	3.0	3.0	3.0	5.0

注：引自王泽农主编《茶叶生化原理》。

（一）水分

水分是鲜叶的主要成分之一，其含量一般在 75％左右，常因采摘的芽叶部位、采摘时间、气候条件、茶树品种、栽培管理、茶树长势等各种因素的差异而不同。

芽叶嫩度好，含水量高；反之，老叶含水量低。一般芽比第一叶高，第一叶比第二叶高，依次类推，但茎梗是疏导器官，含水量最高。同一天内不同时间采摘的鲜叶，早上采摘的鲜叶含水量最高，傍晚最低；晴天采摘的鲜叶含水量低，雾天高，雨天采摘鲜叶含水量特别高；茶树品种不同，鲜叶的含水量也不同，一般是大叶种含水量比中叶种高，小叶种含水量最低。茶树新梢的不同部位含水量比较见表 2-8。

表 2-8　茶树新梢的不同部位含水量比较

新梢部位	芽	第一叶	第二叶	第三叶	第四叶	茎梗
含水量/%	77.6	76.7	76.3	76.0	73.8	84.6

1. 水分存在的形态

鲜叶中的水分可分为自由水和束缚水，自由水含量约 95%，束缚水含量约 5%。自由水又叫游离水，主要存在于细胞液和细胞间隙中，呈游离态，可以自由流动，易通过气孔向大气扩散，调节体内水分平衡，茶叶中的可溶性物质通常都溶解在这种水里。它在茶叶加工中参与一系列反应，也是多种化学反应的主要介质，制茶中水分指标的变化及控制是对自由水而言。

束缚水又叫结合水，主要存在于细胞的原生质中。由于原生质胶粒表面带有负电荷，水分子具有偶极，故能发生水合反应。水分子与胶粒紧密结合，在胶体外围形成水膜，因此，它不能自由移动，也不能溶解其他物质，比自由水难蒸发，只有当原生质变性，亲水性能丧事时，结合水才能脱离原生质体，游离为自由水，而后被蒸发。它对鲜叶原生质生物活性起重要作用，但在制茶过程中对成茶品质的形成影响较小。

2. 水分在制茶中的作用

水分是茶叶加工过程中一系列化学变化的介质。在制茶过程中，鲜叶中的化学成分只有以分子或离子状态分散在水中，才能通过有效碰撞发生化学反应。如黄茶"闷黄"不仅要茶叶含水量较高，而且空气相对湿度也要接近饱和。同时，水分也是某些反应的基质，如蛋白质、糖、叶绿素、多酚类的水解或某些氧化还原反应。

鲜叶的含水量以及其在制造中减少的速度，与茶叶品质形成具有相关性。因此，在茶叶初制过程中，将水分减少的速度和程度作为制茶工艺的重要技术指标。如黄茶初制各工序水分变化，假定鲜叶含水量为75%，摊放叶含水量为60%～65%，初烘叶含水量20%～25%，足火后含水量为6%～7%。同时，水分也是成品茶质量检验的主要指标之一，黄茶一般要求含水量在7%以下。

（二）无机成分

茶叶中的无机成分是茶叶经过高温完全灼烧后残留下来总称为"灰分"的物质，占干物质的4%～7%。它主要由一些金属元素和非金属氧化物组成。除氧化物外，还含有碳酸盐等，统称为粗灰分。通常规定黄茶总灰分小于7.0%，但不同国家和不同茶类对灰分含量的要求不同。

茶叶中灰分一般含有铁、锰、铝、钾、钙、镁、磷、硫、氯等元素，其中以铁、锰、铝含量较高。因此，灰分通常呈棕黄色或灰绿色。茶叶中灰分可分为水溶性灰分、酸溶性灰分和酸不溶性灰分三部分。水溶性灰分主要是钾、钠、磷、硫等氧化物和部分磷酸盐、硫酸盐等，一般占茶叶总灰分的50%～60%。除酸不溶性灰分硅酸盐、二氧化硅和杂质灰分外，绝大部分都溶于酸。

灰分的含量与茶叶品质有密切关系。水溶性灰分与茶叶品质呈正相关，鲜叶越幼嫩，含钾、磷较多，水溶性灰分含量越高，茶叶品质越好。随着新梢生长，叶片老化，钙、镁含量逐渐增加，水溶性灰分含量减少，茶叶品质下降。因此，水溶性灰分高低是区别鲜叶老嫩的标志之一。茶树新梢的不同部位灰分含量比较见表2-9。

表2-9　茶树新梢的不同部位灰分含量比较（占干物质总量百分比）

新梢部位	芽/%	第一叶/%	第二叶/%	第三叶/%	第四叶/%	梗/%
总灰分	5.38	5.59	5.46	5.48	5.44	6.07
水溶性灰分	3.50	3.36	3.33	3.32	3.03	3.47
水溶性灰分占总灰分比例	65.1	60.1	61.0	60.6	55.7	57.1

茶叶总灰分含量不能完全表明茶叶的老嫩和品质的高低。因为鲜叶经过加工之后，往往总灰分含量增加，可溶性灰分含量有所下降。出现这种现象的原因主要是由于是鲜叶在采制过程中沾有一些杂质，如灰尘、机械金属粉末以及吸附一些矿物质等。因此在茶叶的采制过程中，应注意环境卫生。在商品茶检测中，只将茶叶总灰分的含量作为茶叶卫生指标的一项量度。茶叶灰分的含量是茶叶出口检测的项目之一。在国际贸易上对总灰分含量、可溶性灰分含量、酸不溶性灰分含量，都要求符合一定的标准。

（三）多酚类化合物

鲜叶中多酚类化合物含量为15%～25%，占干物质的比重很大，其中80%以上是黄烷醇类（又称儿茶素），占鲜叶干物质总量的12%～24%。此外，黄烷酮类含量为干物质的2%～3%，黄酮醇类含量为干物质的3%～4%，还有酚酸类、花青素和花白素。儿茶素不仅含量多，而且对制茶品质影响较大。鲜叶嫩度不同，儿茶素含量差别很大。一般随着鲜叶老化，儿茶素含量逐渐降低。季节不同其含量也有差异，一般夏茶的儿茶素含量较高，春茶较少。儿茶素含量及其组成与制茶品质的关系密切，一般来说，儿茶素含量高，茶汤滋味强。简单儿茶素收敛性弱而不苦涩，酯型儿茶素苦涩味较强。

（四）蛋白质和氨基酸

鲜叶中蛋白质含量占干物质的25%～35%，一般是鲜叶较嫩，蛋白质含量较高。蛋白质主要由各种氨基酸组成，在一定的制茶条件下，蛋白质分解成氨基酸。有些氨基酸具有花香和鲜味，例如茶氨酸具有甜鲜滋味和焦糖香、苯丙氨酸具有玫瑰香味、丙氨酸具有花香味、谷氨酸具有鲜味；所以游离氨基酸是制茶品质中重要组成成分之一。

目前在茶树各组织中已发现的氨基酸 20 多种，鲜叶中游离氨基酸含量一般占干物质总量的 1％～3％，其中以茶氨酸、谷氨酸、天冬氨酸等三种含量较多，占游离氨基酸含量的 73％～88％。其中仅茶氨酸占总量的 50％～60％，谷氨酸占 13％～15％，天冬氨酸占 10％。不同季节，鲜叶氨基酸含量不同。一般来说，春茶比夏茶含量高。鲜叶嫩度不同，氨基酸含量不同，总体而言，嫩叶比老叶含量高。但值得注意的是，嫩梗氨基酸含量比芽、叶多，其中，嫩梗中茶氨酸含量比芽叶高 1～3 倍。绿茶品质中嫩梗的香高味醇，可能与氨基酸含量较多有关。

（五）芳香物质

芳香物质是挥发性成分的总称。鲜叶中芳香物质有近 50 种，含量为 0.02％～0.05％。鲜叶中低沸点（200℃以下）芳香物质占比例很大，如沸点 156～157℃、具有强烈青草气的青叶醇，约占鲜叶芳香物质的 60％。这些低沸点的香气成分在制茶过程中大部分挥发或转化，茶叶中仅剩微量。也有一些高沸点成分具有良好的香气，如苯甲醇具有苹果香，苯乙醇具有玫瑰香，芳樟醇具有特殊的花香，这些香气物质直接构成茶叶香气成分。

组成茶叶香气的物质种类很多，含量极微，但其组合比例多样，致使茶叶香气类型多样化，如红茶中的甜香、绿茶中的栗香及黄茶中的锅巴香等。这些差异性，一方面是由于鲜叶中化学成分组成不同，更重要的是制茶技术条件不同所造成。

（六）酶类

酶是植物细胞产生的具有催化功能的蛋白质。鲜叶中的酶类构成很复杂，有水解酶、磷酸化酶、裂解酶、氧化还原酶、移换酶、同分异构酶等，与茶叶生产加工关系密切的酶主要是水解酶和氧化还原酶。水解酶类中有淀粉酶、蛋白酶等，淀粉酶催化淀粉水解成糊精或麦芽糖、葡萄糖，蛋白酶催化蛋白质水解成氨基酸。氧化还原酶类有多酚氧化酶、过氧化物酶和抗坏血酸氧化酶等，多酚氧化酶能催化多酚类化合物氧化为邻醌，进一步氧化、聚合、缩合成有色产物。

制茶过程中首先要有效控制酶的活化，促进催化作用，或抑制催化作用，或限制催化作用在某一范围内，由此产生不同的化学反应产物，形成不同的茶叶品质。这些制茶技术主要是通过控制鲜叶组织机械损伤、叶温和叶中含水量，来控制酶的催化作用。

（七）维生素

鲜叶中维生素可分为脂溶性维生素和水溶性维生素两类。脂溶性维生素有维生素 A（抗干眼病维生素）、维生素 K（抗出血维生素）；水溶性维生素有维生素 B_1（硫胺素，抗神经炎维生素）、维生素 B_2（核黄素）、维生素 C（抗坏血酸维生素）、维生素 PP（抗癞皮病维生素）、维生素 P（黄酮类衍生物）。鲜叶中维生素以维生素 C 含量最高，它随着鲜叶的老化而增加；维生素 C 是还原性基质，很容易被氧化。

（八）生物碱

鲜叶中的生物碱，主要是咖啡碱、可可碱、茶叶碱，其中以咖啡碱含量最高，一般其含量在 $2\% \sim 5\%$，其他两种生物碱含量甚微。咖啡碱是一种无色针状结晶微带苦味的含氮化合物，直接对咖啡碱加热至 50℃时成为无色结晶体，至 120℃时开始升华，一般不溶于冷水而溶于热水呈弱碱性；它是构成茶汤滋味的主要物质之一。

咖啡碱在制茶过程中较稳定，变化很少，茶叶中咖啡碱含量主要由鲜叶中咖啡碱含量决定。鲜叶中咖啡碱含量随着新梢生长而降低（见表 2-10）。梗的含量比叶子底，嫩叶比老叶含量高。咖啡碱含量除了与鲜叶嫩度相关外，不同品种、不同季节也不相同。一般是大叶种比小叶种含量高，夏茶比春茶含量高。

表 2-10　咖啡碱在茶树新梢不同部位含量比较

部位	芽	一叶	二叶	三叶	四叶	茎梗
咖啡碱含量/%	3.98	3.71	3.29	2.68	2.38	1.64

（九）糖类

糖类物质又称为碳水化合物，其在鲜叶中占干物质重的 20%～30%，主要有单糖、双糖和多糖三种。单糖主要有葡萄糖、半乳糖、果糖、甘露糖等，双糖主要有麦芽糖、蔗糖、乳糖等，单糖和双糖均溶于水，具有甜味，是构成茶汤滋味的重要成分，是形成茶叶板栗香、焦糖香、甜香等香气的前体物质。鲜叶中多糖是由多个单糖缩合而成的高分子化合物，主要有淀粉、纤维素、半纤维素以及果胶素、木质素等。多糖没有甜味，是非结晶的固体物质，大多数不溶于水。

淀粉是由许多 α-葡萄糖分子缩合而成的，在制茶过程中可以水解为麦芽糖、葡萄糖，促使单糖增加，改善茶叶滋味；淀粉不容于茶汤，但在一定的制茶条件下，可转化为可溶性糖，能够增进茶汤的香味。

纤维素和半纤维素是由许多 β-葡萄糖分子组成的链状高分子化合物，不溶于水，但可以吸水膨胀，是组成细胞壁的主要成分，主要起支持作用；其含量随着鲜叶老化而增加，因此含量高低是鲜叶老嫩的重要标志之一。

果胶质是糖类物质的衍生物，是具有黏稠性的胶体物质。果胶质与纤维素等结合在一起，构成鲜叶的支持物质。果胶质可以将相邻细胞黏合在一起，对形成茶条紧结有一定作用，水溶性果胶具有黏性，有利于茶叶形状的形成。水溶性果胶可以溶解于茶叶中，能增进茶汤浓度和甜醇滋味。

　　糖类物质是生物体生命活动的物质基础，大部分伴随茶树新梢的成熟而增加，具体见表 2-11。

表 2-11　茶树新梢各部位糖类含量分布

新梢部位	可溶性糖/%			淀粉/%	粗纤维/%	水溶性果胶/%
	单糖	双糖	总和			
第一叶	0.99	0.64	1.63	0.82	10.87	3.08
第二叶	1.15	0.85	2.00	0.96	10.89	2.63
第三叶	1.40	1.66	3.06	5.27	12.25	2.21
第四叶	1.63	2.06	3.69	—	14.48	2.02
老叶	1.18	2.52	4.33	—	—	—
嫩叶	—	—	—	1.49	17.10	2.62

（十）色素

　　鲜叶中含有多种色素，其中对茶叶品质影响较大的有叶绿素、花黄素、叶黄素、胡萝卜素和花青素，约占总干物质重量的 1%。叶绿素的含量一般为 0.24%～0.85%。随着芽叶伸育，叶绿素含量逐渐增加（见表 2-12），致使嫩叶呈黄绿色，老叶呈深绿色。此外，茶树品种不同，施肥、遮阴等栽培管理技术不同，叶绿素含量也不同。

表 2-12　不同芽叶叶绿素含量

芽叶	第一叶	第二叶	第三叶	第四叶
叶绿素/%	0.223	0.378	0.615	0.653

　　叶绿素可分为两种类型：一种是叶绿素 a，呈墨绿色；另一种是叶绿素 b，呈黄绿色。这两种叶绿色均属于脂溶性色素，不溶于水。不同鲜叶中叶绿素含量不同，鲜叶呈现深浅不同的绿色。叶绿素中的镁原子在酸性和湿热的条件下容易被氢取代，形成脱镁叶绿素（或称去镁叶绿素），从而使原来具有光泽的鲜绿色变成褐绿色。叶绿素受热分解为叶绿酸（溶于水的一种绿色色素）和叶绿醇（无色油状液体），由亲脂性变成具有一定的亲水性。

第三讲 品质适制

一、 鲜叶质量

鲜叶质量包括鲜叶嫩度、匀度、净度和新鲜度四个方面，任何一方面对鲜叶质量都有一定的影响，其中嫩度和匀度是鲜叶质量的主要指标。鲜叶质量是茶叶品质形成的物质基础，因此，任何茶叶均要求鲜叶的嫩度适中、匀度好、净度高、新鲜度好。

（一）鲜叶嫩度

鲜叶嫩度是指鲜叶的老嫩程度，是决定鲜叶质量的主要项目。在茶树的生长发育过程中，各种器官总是经过：萌芽→长大→成熟→老化这一变化过程。在这一变化过程中，芽叶的嫩度总是逐渐降低的，也就是新梢尖端愈幼嫩的部位，嫩度愈高；反之，嫩度愈低。嫩度是一个相对的概念，只能在同一批鲜叶中才有较好的可比性，在环境条件、栽培措施、茶树品种等不同的情况下，较难做准确的比较。

1. 鲜叶嫩度与化学成分的关系

随着鲜叶嫩度的下降，主要化学成分含量相应改变。多酚类含量大体呈下降趋势；蛋白质含量也相应地降低；氨基酸和水浸出物含量变化规律不明显；还原糖、淀粉、纤维素、叶绿素含量相应增加，中等嫩度的含量高，随着芽叶老化含量逐步减少（表2-13）。

表 2-13　茶树新梢的不同部位主要化学成分的含量　　　　（％）

化学成分	芽	一芽一叶	一芽二叶	一芽三叶	一芽四叶	老叶	嫩茎
水分	—	76.70	76.30	76.00	73.80	—	84.60
水浸出物	47.74	47.52	46.90	45.59	43.70	—	—
茶多酚	—	22.61	18.30	16.23	14.65	14.47	12.75
儿茶素	—	14.74	12.43	12.00	10.50	9.80	8.61
氨基酸	—	3.11	2.92	2.34	1.95	—	5.73

化学成分	芽	一芽一叶	一芽二叶	一芽三叶	一芽四叶	老叶	嫩茎
茶氨酸	—	1.83	1.52	1.20	1.10	—	4.35
咖啡碱	—	3.78	3.64	3.19	2.62	2.49	1.63
蛋白质	29.06	26.06	25.62	24.92	22.50		17.40
叶绿素		0.223	0.378	0.615	0.653		—
类胡萝卜素		0.025	0.036	0.041	—		—
水溶性过胶	—	3.08	2.63	2.21	2.02		2.62
还原糖		0.99	1.15	1.40	1.63	1.81	
蔗糖		0.64	0.85	1.66	2.06	2.52	—
淀粉		0.82	0.92	5.27			1.49
纤维素	—	10.87	10.90	12.25	14.40		17.08
总灰分	5.38	5.59	5.46	5.48	5.44		6.07
可溶性灰分	3.50	3.36	3.36	3.32	3.02		3.47

注：引自程启坤主编《茶叶优质原理与技术》。

2. 鲜叶嫩度与芽叶组成的关系

芽叶组成与嫩度有着密切的关系。除采摘名茶外，一批鲜叶很难做到由一种芽叶组成，绝大多数由各种芽叶混合而成。评定嫩度进行鲜叶定级，一般是根据各级鲜叶芽叶组成比例，用芽叶机械分析方法，现将祁门茶厂鲜叶分级标准列入表2-14。

表2-14 祁门茶厂鲜叶分级标准

级别	芽叶标准	参考规定	占总量百分比/%
特级	一芽一叶，一叶二叶为主	一芽一叶，一芽二叶	10～20,50～60
一级	一芽二叶，一芽三叶为主	一芽二叶	36～50
二级	一芽二叶，一芽三叶为主	一芽二叶	21～35
三级	一芽二叶，一芽三叶为主	一芽二叶	12～20
四级	一芽三叶为主	一芽三叶	37～46
五级	一芽三叶为主	一芽三叶	30～35

3. 鲜叶嫩度的理化表现

不同嫩度的鲜叶，内含化学成分有很大的差异，外部的形态特征也有所不同。一般而言，嫩度愈高的鲜叶，所含的多酚类、生物碱、氨基酸、可溶性糖等有效成分高，而纤维素、色素、淀粉等大分子化合物的含量较低。因此，嫩度高是茶叶品质好标志之一。

不同嫩度的鲜叶外部表现主要有叶展程度、叶色深浅、叶质软硬、白毫多少、芽叶机械组成等几个方面。一般在相同品种、相同栽培条件下的同一批鲜叶中，叶片开展度小、叶色较浅、叶质柔软、白毫多、芽头较多而壮的鲜叶嫩度较高，反之嫩度较低。

（二）鲜叶匀度

鲜叶匀度是指同一批鲜叶理化性质的一致程度，是鲜叶质量的重要指标之一。无论哪种茶类都要求鲜叶匀度好。鲜叶匀度好便于加工炒制，保证茶叶质量。鲜叶匀度差，制茶技术无所适从，难以达到制好茶的目的。为了使鲜叶质量均匀一致，可以采摘同一茶树品种的鲜叶，只有茶树品种相同，采摘的鲜叶质量才有可能一致，这是鲜叶匀度的前提。采摘标准也应基本相同。通常所说的采摘标准基本相同，指的是一芽某叶占整个叶片的绝大多数。如一芽二叶初展占70%以上，这个比例数值越大，说明鲜叶匀度越好。采摘芽叶标准除此之外，还包含芽叶全长。茶树品种和生长的生态环境等条件相同，则芽叶长度与伸长程度直接相关，一般初展的鲜叶其芽叶长度最短，而后随着伸长到半开展、全开展至成熟叶。在一定条件下，芽叶长度可以作为芽叶开展度的量度，作为嫩度的一个指标。芽叶长度的一致性是采制名优茶的重要技术措施之一，是高级鲜叶质量的重要指标。

（三）鲜叶新鲜度

鲜叶新鲜度是指鲜叶保持原有理化性状的程度，是衡量鲜叶质量的重要指标之一。各种茶叶都要求鲜叶保持较好的新鲜度，新鲜度将会直接影响制茶品质。鲜叶离开茶树母体以后，许多生理过程发生了一定改变。首先是切断了母体供给水分和养分的来源，使干物质的积累停止。其次是鲜叶离开母体后，水分大量散失而又得不到补充，使细胞质浓度增高，酶活性加强（特别是呼吸酶类），使大量的可溶性糖类通过呼吸作用分解成 H_2O 和 CO_2，并放出大量的热量。热量使叶温升高，加速其他物质的变化。所以，鲜叶采摘后，干物质总量总是逐渐降低的，时间越长，叶温越高，减少的量越多。严重时，不仅干物质减少，影响经济效益，而且鲜叶可能红变或霉变。无论做哪种茶叶都要求鲜叶的新鲜度好。

（四）鲜叶净度

鲜叶净度是指鲜叶中含夹杂物的程度。夹杂物分茶类夹杂物和非茶类夹杂物两大类。茶类夹杂物主要有茶梗、茶籽、茶花、幼果、老叶、鳞片等；非茶类夹杂物主要有杂草、树叶、泥沙、虫体及其排泄物。净度与茶叶品质是正相关。净度不好的鲜叶不可能加工出较好的茶叶产品。为了保证茶叶卫生也必须抓好鲜叶的净度。可以通过按标准采茶和加强贮运管理来提高鲜叶净度。

二、 适制分析

茶树品种的茶类适制性是指茶树品种固有的制约着茶叶品质的种性，也就是指茶树品种最适宜制作哪一类或几类优质茶的特性，简称适制性。不同茶类的品质要求不一样，而每一品种固有的适制性又制约着茶叶的品质，加之不同品种间的适制性差异较大，适制福鼎白茶的品种不一定适制黄茶，适制显毫类绿茶的品种不适宜制作少毫型绿茶。茶树品种的适制性是生产上用种重点考虑的指标之一，只有选择适制性对路的茶树品种，才能生产出相应优质的茶类产品。茶树品种适合制造某类茶叶并能达到最佳品质的特性，表现在品种的物理特性和化学成分含量两方面。

物理特性是指茶树新梢上芽叶的肥瘦、大小、叶色、叶质、叶片厚薄、柔软程度、嫩度、茸毛等的特征和状态，它与成品茶的外形品质息息相关。叶片小、叶张厚、叶质柔软、细嫩、色泽显绿、茸毛多的品种，较适宜显毫类的绿茶；芽叶纤细、叶色黄绿或浅绿、茸毛少或中偏少的品种，较适宜少毫型的龙井类扁形绿茶；叶片大、节间长、芽头肥壮、芽叶黄绿色、茸毛多、叶面隆起、叶质软、叶张薄的品种，较适宜制红茶。叶肉厚，芽叶大、茸毛多、叶色黄绿的品种较适宜制黄茶。

化学特性是指芽叶中化学成分的含量和组成，它是形成茶叶色香味的物质基础。化学特性的测定一般按一芽三叶标准采集鲜叶，在100℃温度下蒸3min，80℃温度下烘干制蒸青茶样品，然后将样品磨碎进行化学成分测定。尽管茶树品种的化学特性受种植地区环境及栽培条件的影响较大，但同等条件下不同品种间的化学特性差异仍然明显。一般茶多酚含量高，且茶多酚与氨基酸的比值（简称酚氨比）大（一般均在8以上）的品种，制红茶品质优；而氨基酸含量高，茶多酚含量适宜（16%～24%），且酚氨比小的品种，制绿茶品质优；酚氨比较小，同时叶绿素含量低的品种，制黄茶品质优。

在生产中，茶树品种的适制性一般通过同一品种的鲜叶制作不同类别的茶叶，进行感官审评直接鉴定，采取评分与评语相结合的方法。先称取茶样倒入审评杯内，再冲入沸水，浸泡3～4min开始审评。茶叶的品质分别按外形、汤色、香气、滋味、叶底逐项以百分制评分，并以相应的评语描述，最后再按外形、汤色、香气、滋味及叶底的品质权数计算总分。分数的高低便能直接反映出品种品质的优劣，即一个品种对某一茶类适制性的大小，而相应的评语则可以描绘出不同品种的制茶品质特点。

（一）鲜叶叶色与适制性

鲜叶颜色与茶叶品质关系很大。不同叶色的鲜叶适制性不同。浅绿色的鲜叶制红茶品质最优，紫色鲜叶制红茶的品质其次，深绿色鲜叶制的红茶品质最次；深绿色鲜叶制的绿茶品质最优，浅绿色的鲜叶制成绿茶品质其次，紫色鲜叶制绿茶品质最次；嫩黄色鲜叶制成黄茶品质最优，浅绿色鲜叶制成黄茶品质其次，紫色鲜叶制成黄茶品质最次。

（二）品种与适制性

制茶品种的适制性主要是指该品种芽叶大小、茸毛多少、芽叶色泽、茶多酚和氨基酸含量等是否符合所制茶类的要求。由于黄茶基本工艺同绿茶，适制黄茶品种除芽叶茸毛较多外，其他关于茶树品种要求同绿茶，一般多为当地群体品种。如君山种，有性系；灌木型，中叶类，中生种；植株树姿半开张，分枝密；叶椭圆形，叶质中等；芽叶绿色，茸毛中等；适制君山银针，成品茶外形芽身金黄，内质汤色橙黄明亮，香气清纯，滋味甜爽。一般酚氨比小、茸毛较多，叶绿素含量低的品种制黄茶品质好；但并不是绝对的。下面在适制名优绿茶的茶树品种中推介几个适制黄茶品种。

浙农 139，无性繁殖系，小乔木型，中叶类，特早生种，植株适中，树姿半开展；叶片长椭圆形，叶质中等；芽叶绿色，茸毛中等。

福鼎大白茶，无性繁殖系，小乔木型中叶类，早生种；植株较高大，树姿半开张，主干较明显，分枝较密，叶片呈水平状着生；叶椭圆形，叶色绿，叶面隆起，有光泽；芽叶黄绿色，茸毛特多。

浙农 12，小乔木中叶型，叶色绿，富光泽，芽叶绿色，肥壮，茸毛特多。制黄茶，黄绿多毫，香高持久，滋味浓鲜。

迎霜，无性繁殖系；小乔木型，中叶类；植株高大，树姿直立，分枝密度中等；叶椭圆形，叶色黄绿，叶面微隆起，芽叶黄绿色，茸毛多。制黄茶，条索细紧，色泽嫩黄绿润，香高鲜持久，味浓鲜。

翠峰，无性繁殖系，小乔木型，中叶类，中生种；植株较高大，树姿半开张，分枝较密；叶片水平状着生，长椭圆形，叶质较厚，芽叶翠绿色，茸毛多。

（三）季节与适制性

春季气温低、日照弱，茶树体内碳代谢水平相对较低，氮代谢水平相对较高，从而茶多酚类物质含量较低，氨基酸含量较高，制黄茶品质好。夏暑季节气温高、日照强，茶树生长迅速，茶树体内碳代谢水平相对较高，氮代谢水平相对较低，从而造成夏暑茶多酚类物质含量较高，氨基酸含量偏低，制成黄茶的品质较差。

第四讲 采摘保鲜

一、鲜叶采摘

茶叶采摘好坏，不仅关系到茶叶质量、产量和经济效益，而且还关系到茶树的生长发育和经济寿命的长短。所以，在茶叶生产过程中，茶叶采摘具有特别重要的意义。

（一）采摘方法

茶叶采摘，其方法主要有两种，即手工采茶和机械采茶。

1. 手工采茶

这是传统的茶树采摘方法。采茶时，要实行提手采，分朵采，切忌一把捋。这种采摘方法的最大优点是标准划一，容易掌握。缺点是费工，成本高，难以做到及时采摘。但目前细嫩名优茶的采摘，由于采摘标准要求高，还不能实行机械采茶，仍用手工采茶（见图 2-1）。

图 2-1　手工采茶

2. 机械采茶

目前多采用双人抬往返切割式采茶机采茶。如果操作熟练，肥水管理跟上，机械采茶（见图 2-2）对茶树生长发育和茶叶产量、质量并无影响，而且还能减少采茶劳动力，降低生产成本，提高经济效益。因此，近年来，机械采茶愈来愈受到茶农的青睐，机采茶园的面积一年比一年扩大。

图 2-2　机械采茶

（二）采摘标准

茶叶采摘标准主要是根据茶类对新梢嫩度与品质的要求和产量因素进行确定的，最终是力求取得最高的经济效益。中国茶类丰富多彩，品质特征各具一格。因此，对茶叶采摘标准的要求差异很大，归纳起来，大致可分为四种情况。

1. 细嫩采

采用这种采摘标准采制的茶叶，主要用来制作高级名茶。如高级西湖龙井、洞庭碧螺春、君山银针、蒙顶黄芽、坦羊工夫及高级祁门红茶等，对鲜叶嫩度要求很高，一般是采摘茶芽和一芽一叶，以及一芽二叶初展的新梢。前人称采"麦颗"、"旗枪"、"莲心"茶，就是这个意思。这种采摘标准，花工夫，产量不多，季节性强，大多在春茶前期采摘。

2. 适中采

采用这种采摘标准采制的茶叶，主要用来制作大宗茶类。如内销和外销的眉茶、珠茶、工夫红茶、红碎茶、平阳黄汤及港北毛尖等，要求鲜叶嫩度适中，一般以采一芽二叶为主，兼采一芽三叶和幼嫩的对夹叶。这种采摘标准，茶叶品质较好，产量也较高，经济效益也不差，是中国目前采用最普遍的采摘标准。

3. 成熟采

采用这种采摘标准采割的茶叶，主要用来制作边销茶。它为了适应边疆兄弟民族的特殊需要，茯砖茶原料采摘标准需等到新梢将要顶芽停止生长、下部基本成熟时，采去一芽四、五叶和对夹三、四叶。南路边茶为适应藏族同胞熬煮、掺和酥油的特殊饮茶习惯，要求滋味醇和、回味甘润，采摘标准需待新梢成熟、下部老化时才用刀割去新枝基部一、二片成叶以上全部枝梢。这种采摘方法，采摘批次少，化工并不多。茶树投产后，前期产量较高，由于对茶树生长有较大影响，容易衰老，经济有效年限不很长。

4. 特种采

这种采摘标准采制的茶叶，主要用来制造一些传统的特种茶。如乌龙茶，它要求有独特的滋味和香气。采摘标准是茶树新梢长到顶芽停止生长，顶叶尚未"开面"时采下三、四叶比较适宜，俗称"开面采"或"三叶半采"。如采摘鲜叶太嫩，制成的乌龙茶色泽红褐灰暗，香低味涩；采摘鲜叶太老，制成的乌龙茶外形显得粗大，色泽干枯，滋味淡薄。据鲜叶内含成分分析表明，采摘三叶中开面梢最适宜制乌龙茶。这种采摘标准，全年采摘批次不多，产量一般。

（三）茶叶采摘技术

1. 留叶数量

茶树叶片的主要生理作用是进行光合作用和水分蒸腾。茶叶采摘是目的，留叶是为了更多的采摘，决不可偏废。若采得过多，留得太少，减少了茶树的叶面积，使光合效率降低，影响了有机物质的积累，继而影响茶叶产量和品质。反之，采得过少，留得过多，不仅消耗水分和养料，而且叶面积过大，树冠郁闭，分枝少，发芽密度稀，同样产量不高，经济效益低下，达不到种茶目的。茶树留叶数量应以茶树不同的生育年龄而异。一般说来，幼年期茶树以培养树冠为目的，应以养为主，以采为辅，采必须服从养。而当茶树进入成年期后，即进入投产后的茶树，应以采为主，适度留养。留叶数量以能增强或维持茶树正常的旺盛生长，能获得最高的产量和最优的品质，又能延长茶树的经济年限为最理想。留叶多少，一般以叶面积指数来衡量，它是指茶树叶片总面积与土地面积之比。高产、高效、优质茶园的叶面积指数通常为 3～4。在生产实践中，留叶数量一般以"不露骨"为宜，即以树冠叶片互相密接、看不到枝干为适宜。如实行机械采茶，那么，可根据当年茶树留叶数量实行提早封园，采取在秋季集中留养一批不采，以加强茶树生长势的方法加以实现。

2. 留叶方法

茶树年龄不同，采摘时留叶的方法也不同。

幼年茶树，主干明显，分枝稀疏，树冠尚未定型。所以，采摘目的是促进分枝和培养树冠。一般可在第二次定型修剪后，春茶实行季末打顶采，夏、秋茶实行各留二叶采。第三次定型修剪后，骨干枝已基本形成，可实行春、夏茶各留二叶采，秋茶留一叶采。以后，再花一年时间，实行春茶留二叶，夏茶留一叶，秋茶留鱼叶采。从此以后，茶树广阔的树冠已经形成，即可进入成年茶树的投产采摘了。

成年茶树，树冠已基本定型，茶叶产量高，品质优，能相对稳定25 年左右。在这一时期内，应尽可能地多采质量好的芽叶，延长高产、稳产时期。因此，应以留鱼叶采为主，在适当季节（如夏、秋茶时）辅以留一叶或二叶采摘法，也有采用在茶季结束前留一批叶片在茶树上的。

衰老茶树，生机开始衰退，育芽能力减弱，骨干枝出现衰亡，并出现自然更新现象。对这类茶树，应灵活掌握。在衰老前期，可采用春、夏茶留鱼叶采，秋茶酌情集中留养。衰老中期以后，则需对衰老茶树进行程度不同的改造，诸如深修剪、重修剪、台刈等。对这种茶树，在改造期间应参照幼年茶树采摘，养好茶蓬，待树冠形成后，再过渡到成年茶树的采摘与留叶方式进行打顶采摘。

茶树新梢部位名称及留叶方法见图 2-3。

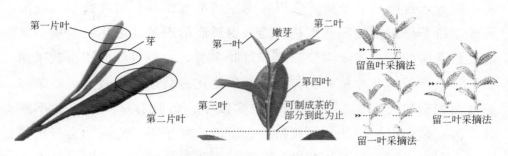

图 2-3　茶树新梢部位名称及留叶方法

3. 采摘周期

适时采摘，对增加产量、提高品质、保养树势，直至提高经济效益都有着十分重要的意义。"早采三天是个宝，迟采三天是根草"，说的就是这个意思。在人工手采的情况下，一般春茶蓬面有 10％～15％新梢达到采摘标时，就可开采。夏、秋茶由于新梢萌发不很整齐，茶季较长，一般有 10％左右新梢达到采摘标准就可开采。茶树经开采后，春茶应每隔 3～5 天采摘一次，夏、秋茶 5～8 天采摘一次。在长江中下游地区，一般到 10 月上旬开始，就应封园停采。其他茶区可参照推迟或提前封园。在实行机械采摘时，当春茶有 80％的新梢符合采摘标准，夏茶有 60％的新梢符合采摘标准，秋茶有 40％新梢符合采摘标准时就要进行机采。为提高机采茶园经济效益，特别是春茶前期，在机采前先进行人工采茶，以便制作名优茶。这样，机采批次，春茶为 1 次，夏茶 1～2 次，秋茶为 2～3 次。为促进机采茶树的旺盛生长势，对机采茶园应比人工手采茶园提前 20 天左右停采封园。

4. 集叶贮运

不论是手工采摘，还是机械采摘，对采下的鲜叶必须及时集中，装入通透性好的竹筐或编织袋，并防止挤压，尽快送入茶厂付制。集叶贮运时，应做到机采叶和手采叶分开，不同茶树品种的原料分开，晴天叶和雨天叶分开，正常叶和劣变叶分开，成年茶树叶和衰老茶树叶分开，上午采的叶和下午采的叶分开。这样做有利于茶叶制作，有利于提高茶叶品质。

二、保鲜管理

（一）鲜叶保鲜

1. 鲜叶采后生理

鲜叶从树上采摘后，在一定时间内，生命活动仍在进行，但由于养分和水分供给被切断，同化作用与异化作用进入了不正常状态，呼吸作用不断增强，产生较多的二氧化碳和水，并放出大量热量，使叶温升高。

$$C_6H_{12}O_6 + 6O_2 \longrightarrow 6H_2O + 6CO_2 + 2817kJ$$

在鲜叶堆积过厚、过紧、不透气的情况下，易使鲜叶呼吸作用产生的热量不能及时散失，叶温升高，供氧不足，引起无氧呼吸，使鲜叶劣变。因此，鲜叶采摘后，由于呼吸作用的不断增强，使鲜叶中的有效成分耗损，甚至劣变。

$$C_6H_{12}O_6 \longrightarrow 2C_2H_5OH + 2CO_2 + 100kJ$$

鲜叶脱离茶树母体之后，随着叶内水分不断散失，水解酶和呼吸酶的作用逐渐增强，内含物质不断分解转化而消耗减少。一部分可溶性物质转化为不可溶性物质，水浸出物减少，使茶叶香低味淡，影响茶叶品质。因此，保鲜技术是要控制鲜叶的呼吸作用和水分的散失，以缓解有效成分的分解速度，维持鲜叶的新鲜程度。

2. 鲜叶变质的主要因素

导致鲜叶变质的主要因素有温度、时间和机械损伤三个方面。

（1）高温和时间　高温是致使鲜叶红变的主要因素之一，若叶温超过35℃，36h全部红变。红变的同时，伴随着内含成分的氧化，影响茶叶品质。叶温低，可以延长鲜叶的摊放时间，薄摊可以降低叶温，延长摊放时间。

（2）机械损伤　机械损伤的叶片，因叶细胞组织受到破坏，茶汁溢出，不仅加速叶片水分向空气中扩散，易出现萎蔫现象，而且机械损伤的叶子呼吸强度比正常的叶子要大得多。受损叶片的正常呼吸受到破坏，原生质的性质发生变化，叶内物质暴露于空气中，酶的活性加强，有机质的分解加剧，特别是茶叶多酚类的氧化缩合，致使叶片极易发热红变和遭到微生物的感染，耐藏力下降，制出的成品茶品质降低。因此，鲜叶进厂，要求做好鲜叶摊放工作。

3. 鲜叶保鲜技术

保鲜技术的关键是控制三个方面：一是降低鲜叶温度，二是控制摊放时间，三是减少或避免机械损伤。通常通过降低鲜叶温度，控制摊放时间，以达到保鲜的目的。实际生产中，控制运送和摊放中的机械损伤也应引起茶叶生产加工厂（场）的重视。

（1）鲜叶运送中的保鲜技术　采摘下的鲜叶要及时运送到茶厂，保持鲜叶的新鲜度。在运送中必须注意以下几方面。

① 根据老嫩、品种及表面水含量不同而分别装篓。

② 装篓时不能压紧，防止机械损伤和烈日暴晒。

③ 鲜叶不宜久堆，否则篓内叶子容易发热，引起红变，装好篓应立即运送进厂。

④ 鲜叶篓应该是硬壁，有透气孔，每篓装叶不超过20kg。

（2）鲜叶的贮存中的保鲜技术　鲜叶进厂验收、分级后，应立即分级分类摊放，以薄摊、通风等措施降低叶温，减缓鲜叶的氧化作用，进而减少鲜叶中内含成分的减少，同时注意控制摊放时间，根据摊放厚度不同，一般摊放时间6～12h。

鲜叶贮存应选择阴凉、湿润、空气流通、场地清洁、无异味污染的地方。有条件的茶厂可以设置贮青室，以保证鲜叶的新鲜度。同时可以延长摊放时间，以防止鲜叶变质。

贮青室的面积一般按20kg/m²鲜叶计算，房子要求坐南朝北，防止太阳直接照射，保持室内较低温度，最好是水泥地面，并有一定倾斜度，以便于冲洗。

鲜叶摊放不宜过厚，一般为 15～20cm，雨水叶要薄摊通风。鲜叶摊放过程中，每隔 1h 翻拌一次，每隔 65cm 左右开一条通气沟。在翻拌时，动作要轻，切勿在鲜叶上乱踩，尽量减少叶子机械损伤。

鲜叶存放时间不宜过久，一般不超过 12h。要求先进厂先付制，后进厂后付制。雨水叶表面水多，可以适当多摊放一些时间，然后进入下一个工序。若发现已发热红变的鲜叶，应迅速薄摊，立即分类加工。半成品应分类存放。

有条件的茶厂可以在贮青室中安装贮青槽。在普通的摊叶室内开一条长槽，槽面铺上用钢丝网制成（或粗竹编成）的透气板，透气板每块长 1.8m，宽 0.9m，可以连放 3 块、6 块或 12 块，还可以几条槽并列，间距 1m 左右（也可以根据具体情况设计尺寸）。槽的一头设一个离心式鼓风机。鼓风机的功率大小按板的块数、槽的长短选用。鼓风机可按需要每隔一定时间自动启动电动机进行鼓风。鲜叶可摊放 1～1.5m，每平方米可贮存鲜叶 150kg 左右，不需要人工翻拌。摊放和付制送叶采用皮带输送或气流运送。这种方法既节省人工，又减少厂房面积，是解决贮青困难的一个比较行之有效的方法。

（二）鲜叶管理

鲜叶质量的好坏除由前述的几项因素构成之外，还与鲜叶采摘后付制前的管理技术措施关系极大。鲜叶管理包括鲜叶运送、鲜叶验收分级及鲜叶摊放贮存。这些都是细致而重要的作用，是保持鲜叶质量的关键，管理不当就会引起鲜叶劣变。

1. 鲜叶运送管理

采下的鲜叶要及时运送进厂，保持新鲜度，必须注意：①根据老嫩不同、品种不同、表面水含量多少不同等分别装篓；②装篓时不能压紧，防止机械损伤和烈日曝晒；③鲜叶不宜过久堆放，否则篓内叶子易发热、红变，装好篓立即运进厂。

2. 鲜叶验收和评级

鲜叶进厂后一般要有专人负责验收，以确保鲜叶的质量和确定级别。验收首先要粗看鲜叶总体情况，然后合理扦取鲜叶（具有代表性）进行细看，最后评级。评级时一般紧抓主要质量因子——嫩度，辅看匀净度和新鲜度。以名优春茶为例，鲜叶质量分级为 8 个等级，各级鲜叶品质应符合表 2-15 规定。

表 2-15　鲜叶质量分级标准

等级	质　量　要　求
特一	单芽，1 芽 1 叶初展不超过 10%，芽头粗壮、匀齐
特二	1 芽 1 叶初展，芽叶夹角度小，芽长于叶，芽叶匀齐肥壮，1 芽 1 叶在 10% 以下
一级	1 芽 1 叶，1 芽 2 叶初展在 10% 以下，芽叶完整、匀齐，芽梢长于叶
二级	1 芽 2 叶初展，1 芽 2 叶在 10% 以下，芽与叶长度基本相等，芽叶完整
三级	1 芽 2 叶，1 芽 3 叶初展不超过 10%，芽叶完整
四级	1 芽 2 叶至 1 芽 3 叶初展，以 1 芽 2 叶为主，1 芽 3 叶初展不超过 30%，芽叶完整
五级	1 芽 3 叶初展，1 芽 3 叶不超过 30%，有部分嫩的对夹叶
六级	1 芽 3 叶及同等嫩度的对夹叶，1 芽 4 叶不超过 10%

注：特一～二级原料适宜加工高档名优春茶，三级～六级原料适宜加工优质春茶。

3. 鲜叶贮存管理

鲜叶验收评级后应立即进行付制，品质才能充分保证。但生产上难以做到，特别是遇生产高峰期，鲜叶数量多，加工难以及时，不可能做到及时付制，就必须及时做好贮存工作。鲜叶贮存首先要求鲜叶质量不同分别摊度贮存，防止混杂。

其次还应掌握：①低温，通过大量实验表明低温和少量失水可保持鲜叶新鲜，因此在贮存鲜叶时，要选择环境蔽阴、进风条件的场地摊放，并避免摊放过厚，一般摊 10～15cm，否则容易产生发热现象。②控制贮存时间，鲜叶随摊放时间的延长，内含物成分损失是逐渐加强的，还应做到先进场的鲜叶先制，后进场的鲜叶后制，不可颠倒。

同时注意摊放环境卫生，保持地面的清洁，以免泥沙污染鲜叶。

制定鲜叶采摘与质量控制管理制度及措施，关键工序应有操作技术要求，并记录执行情况。建立鲜叶采摘、运输、贮存等的完整档案记录。具体记录样表如下。

（1）鲜叶采摘档案　见表 2-16。

表 2-16　鲜叶采摘档案

鲜叶编号	采摘时间	采摘地点	品种	采摘方法	采摘人员	数量/kg	等级	记录人	备注

（2）鲜叶运输档案　见表 2-17。

表 2-17　鲜叶运输档案

鲜叶编号	采摘地点	品种	数量/kg	等级	运输人员	运输工具	时间	记录人	备注

（3）鲜叶摊放（贮存）档案　见表 2-18。

表 2-18　鲜叶摊放（贮存）档案

鲜叶编号	采摘地点	品种	数量/kg	等级	起止时间	摊放地点	摊放(贮存)设备	负责人	记录人	备注

微博神聊 ⌄

　　用图文并茂的微信（微博）形式说明"如何兼顾茶叶产量与茶叶质量"，并将该条微信（微博）发到朋友圈（微博空间）与大家交流。

黄茶初制

黄茶属轻发酵茶，基本工艺近似绿茶。黄茶与绿茶的区别是在初制过程中，黄茶均有起闷黄作用的闷黄或渥闷或堆闷工序；在绿茶加工中，由于加工技术不当，有可能出现黄汤（甚至红汤）黄叶品质，这种茶叶不能叫黄茶，只能算劣质绿茶处理。黄茶是我国特有茶类，每年黄茶总产值大约占我国茶叶总产值的 1.5%，属于小众茶，按照加工所用原料的芽叶嫩度和大小，通常分为黄芽茶、黄小茶和黄大茶；按照加工过程中的闷黄工序时段不同分为杀青后闷黄茶、揉捻后闷黄茶及毛火后闷黄茶。黄茶制作方法由最初的纯手工制作，逐步转变为手工与机械相结合的半手工半机械制作方法，以及简单全机械制作和全自动机械制作方法。黄茶种类有异，其制作工序也有差异，其中较为典型的黄茶加工工艺由杀青、闷黄及干燥等工序组成，最主要的工序差异为闷黄顺序和杀青。

第一讲　工艺分解

一、基本工艺

1. 分级

鲜叶验收与管理鲜叶的品质由鲜叶的嫩度、匀度、净度、鲜度四方面决定，鲜叶的验收即根据上述四方面进行鲜叶挑选分级。

2. 摊放

摊放是指将进厂鲜叶，经过一段时间失水，使一定硬脆的梗叶由鲜（翠）绿转为暗绿，表面光泽基本消失，能嗅到花香或水果香的过程。摊放既有物理方面的失水作用，也有内含物质的化学变化的过程，是制成高档优质名优茶的基础工序。

3. 杀青

即通过高温钝化茶鲜叶中的各种酶的活性，特别是多酚氧化酶的活性。黄茶通过高温杀青，以破坏酶的活性，蒸发一部分水分，散发青草气，对香味的形成重要的作用。

4. 闷黄

黄茶类制茶工艺特有的、形成黄色黄汤品质特点的关键工序。从杀青开始至干燥结束，都可以为茶叶的黄变创造适当的湿热工艺条件。有的在杀青后闷黄，如沩山白毛尖；有的在揉捻后闷黄，如鹿苑毛尖；有的则在毛火后闷黄，如霍山黄芽；还有的闷炒交替进行，如蒙顶黄芽三闷三炒；有的则是烘闷结合，如君山银针二烘二闷；而温州黄汤第二次闷黄，采用了边烘边闷，故称为"闷烘"

5. 干燥

干燥是将揉捻好的茶坯，采用高温烘焙，迅速蒸发水分达到保质干度的过程，一般采用分次干燥；干燥方法有烘干和炒干两种。干燥好坏也将直接影响毛茶品质。

黄茶初制工艺流程路线如下：

（蒙顶）黄芽茶初制工艺：鲜叶（→摊放）→杀青→初包→复炒→复包→三炒→堆积摊放→四炒→烘焙→精制。

（平阳黄汤）黄小茶初制工艺：鲜叶（→摊放）→杀青→揉捻→闷堆→初烘→闷烘→烘干→精制。

（皖西）黄大茶：鲜叶（→摊放）→杀青→二青→三青→初烘→闷

堆→烘干→精制。

二、 工艺原理

1. 挑选分级

茶鲜叶质量的好坏直接关系到制成黄茶的品质。按照制成等级标准进行茶鲜叶的挑选与分级。嫩度要求独芽、一芽一叶、一芽二叶和一芽三四叶初展；黄芽茶要求独芽、一芽一叶或一芽二叶初展的鲜叶原料；黄小叶要求一芽一叶和一芽一二叶为主体的鲜叶原料；而黄大叶要求一芽三四叶为主体的鲜叶原料等。

2. 摊放

鲜叶摊放目的是促进鲜叶在一定条件下缓慢蒸发部分水分，提高细胞液浓度，促进鲜叶性质沿着一定方向发生理化变化的工艺措施。该过程既有物理变化，又有化学变化，这两种变化是相互联系相互制约的。两者之间的变化发展和影响依湿度、温度为主的客观条件不同而差异很大。摊放工序是以低温条件下失水为特点；随着水分散失，细胞液的浓度增大，酶的活性增强，从而使叶内化学成分发生了一定程度的变化，为黄茶的色香味的形成创造了一定的物质条件。实践证明，掌握水分变化的规律，控制失水量和失水速度，是摊放过程中的主要矛盾。

3. 杀青

杀青目的是彻底破坏鲜叶中酶的活性，制止多酚类化合物的酶促氧化，防止红梗红叶的产生。黄茶品质要求黄叶黄汤，因此杀青的温度与技术就有其特殊之处。既要彻底破坏酶活性，又要防止产生红梗红叶和烟焦味。要杀透杀匀，梗红叶红汤不符合黄茶的质量要求。与同等嫩度的绿茶相比较，某些黄茶杀青投叶量偏多，锅温较绿茶锅温低，时间偏长，这就要求杀青时适当地少抛多闷，以迅速提高叶温，彻底破坏酶的活性。杀青过程中，由于叶子处于湿热条件下时间较

长，叶色略黄，

4. 闷黄

从杀青到干燥结束，都可以为茶叶的黄变创造适当的湿热条件。但作为一个制茶工序，有的茶在杀青后闷黄，有的则在毛火后闷黄，有的闷炒交替进行。针对不同茶叶品质，方法不一，但殊途同归，都是为了形成良好的黄叶黄汤品质特征。闷黄过程可促进茶叶中某些成分的变化与转化，减少苦涩味，增加甜醇味；消除粗青气，产生甜香味等。形成黄茶品质的主导因素是热化作用。热化作用有两种：一是在水分较多的情况下，以一定的温度进行作用，称为湿热作用；二是在水分较少的情况下，以一定的温度进行作用，称为干热作用。

5. 干燥

茶叶干燥的目的一是继续使内含物发生变化，提高茶叶品质；二是继续整理条索，改进外形；三是去除过多的水分，达到足干，防止霉变，便于贮藏。黄茶干燥有烘干和炒干两种，干燥过程又分为毛火和足火。毛火采用低温烘炒，足火高温烘炒。

第二讲 工序攻关

一、 摊放操作

鲜叶进厂要分级验收、分别摊放，做到晴天叶与雨（露）水叶分开，上午采的叶与下午采的叶分开，不同品种、不同老嫩的叶分开。摊放以室内自然摊放为主，必要时可用鲜叶脱水机脱除表面水后再行摊放，也可用鼓风方式缩短摊放时间，摊放场所要求清洁卫生、阴凉、空气流通、不受阳光直射。摊放厚度视天气、鲜叶老嫩而定。春季高档叶每平方米摊放 1kg 左右，摊叶厚度 20～30mm；中档叶40～60mm；低档叶不超过 100mm。摊放时间视天气和原料而定，一般

6～12h。晴天、干燥天时间可短些；阴雨天应相对长些。高档叶摊放时间应长些，低档叶摊放时间应短些，掌握"嫩叶长摊，中档叶短摊，低档叶少摊"的原则。摊放过程中，中、低档叶轻翻1～2次，促使鲜叶水分散发均匀和摊放程度一致。高档叶尽量少翻，以免机械损伤。摊放程度以叶面开始萎缩，叶质由硬变软，叶色由鲜绿转暗绿，青气消失，清香显露，摊放叶含水率降至68％～72％为适度。鲜叶摊放情形见图3-1。

(a) 室内摊放　　　　　　　　　　(b) 室外摊放

图 3-1　茶树鲜叶室内室外摊放情景

二、杀青操作

(一) 杀青操作原则

1. 高温杀青，先高后低

高温杀青是指杀青的温度要保证能够破坏鲜叶中的酶活性。因此，鲜叶入锅后，要使叶温迅速升高，达到75～80℃即可破坏鲜叶中酶的活性，使鲜叶的翠绿色得以固定。若温度不足，茶叶里的多酚类物质在多酚氧化酶的作用下产生红色物质，会出现红梗红叶现象。温度过高，茶叶有焦边白点，叶色枯黄，黏性差，略带茶香，味苦涩。杀青温度的控制，还要掌握好锅的大小与投叶量多少的关系。相同的锅，投叶量多，锅温就要高些；投叶量少，锅温可适当低些。黄茶杀青投叶量与同级别的绿茶相比，投叶量可以适当增加，以便为后期色黄创作条件。

叶温由室温升高达到 80℃ 以上所需的时间，是杀青中的重要因素之一。一般杀青技术要求叶温在一两分钟内升达 80℃ 以上，最长时间不得超过三四分钟，否则就会出现红梗红叶。在杀青后期，酶的活性已被破坏，叶子水分已大量蒸发，此时应适当降低温度。若继续采用高温，则会使个别芽叶和叶尖将会焦化，影响茶叶品质。因此，高温杀青必须先高后低，在杀青的后阶段温度要逐渐降低，这样可以使叶子能够"杀匀杀透"，又能"老而不焦，嫩而不生"。

2. 抛闷结合，少抛多闷

在高温杀青的条件下，叶子接触锅底的时间不能太长，以免产生焦斑焦点。使用抛炒，能够使青草气和蒸发出来的水蒸气能迅速散发出去，同时叶温也随之下降。抛炒的优点是能够散发低沸点具有强烈青草气的挥发性成分，利于形成良好茶香。完全抛炒也会存在不足，若使用抛炒时间过长，容易使水分大量散失，芽叶断碎，甚至炒焦；太多的抛炒，会使茶梗与叶脉部位升温慢，导致杀青不匀，甚至红梗红叶。闷炒的作用主要是产生具有强烈穿透性的高温蒸汽，使叶脉内部迅速升温，使杀青能够均匀一致并杀透。闷炒的优点是能够使叶温升得既快又高，能够显著地破坏酶的活性；使叶质柔软，利于揉捻成条，尤其是对老嫩不匀或梗子较多或较为粗老的茶叶，闷茶效果更为显著；能够改善低级茶的内质，改善粗老茶叶的色泽。但闷炒时应注意避免水闷气产生，同时兼顾叶色变黄。

抛炒、闷炒都有利也有弊，因此采用抛闷结合便可扬长避短，发挥各自的优点，提高杀青质量。抛闷结合时一般掌握嫩叶多抛，老叶多闷，肥壮芽叶、节间较长的原料也要适当多闷炒。

3. 嫩叶老杀，老叶嫩杀

老杀，就是杀青程度中失水适当多些，杀青时间适当长些；嫩杀，就是杀青程度轻，失水适当少些，杀青时间适当短些。嫩叶老杀，主要是由于嫩叶中含水量高，酶的活性强，通过"老杀"可以迅速破坏酶的活性，除去多余水分。对于含水量低、纤维素含量高的低级粗老茶叶，则易使用"嫩杀"。老叶嫩杀不至于使叶子含水量过低而影响揉捻成条，引起揉捻时破碎。

（二）杀青操作方法

1. 手工杀青

取鲜叶 1～1.5kg，投入倾斜的杀青锅里，锅温要掌握先高后低，一般锅温在 120～150℃，以手背平锅口感到灼手时即可。炒青时要炒得快，翻得均匀，抖得散，捞得透，做到高温快炒，多抖少闷。炒 2min 左右，叶子水分已大量散发时，应降低锅温，再炒 1min 左右，待叶子失去原有的鲜绿色泽，叶色带暗绿，叶片叶梗柔软，具有黏手感觉，青草气消失，清香产生，即为杀青适度。

2. 机械杀青

杀青机械又分锅式杀青机、滚筒式杀青机、槽式连续杀青机。机械杀青生产量较手工杀青大，杀青程度应根据投叶量、机器转速、杀青温度来控制，原理与手工杀青一样。

（三）杀青程度掌控

生产上鉴定杀青程度的方法通产是通过感官来判定的。适度标准是：叶质柔软，略带黏性，手握成团，松手不易弹散，粗梗折而不脆断，细梗折而不断。叶色由鲜绿变为暗色，表面光泽消失，嗅无青草气，略有清香。过度的特征是：叶边焦枯，叶质硬脆，叶片上呈现焦斑并产生焦屑。不足的特征是：叶色似鲜绿深浅不一，梗子易折断，叶片欠萎软，青草气重。鉴定杀青程度时，应同时注意有无红梗、红叶、焦边、焦叶、干湿不匀、生熟不匀等现象。

某些黄茶在杀青后期，因结合滚炒轻揉做形，出锅时含水率则稍低一些。黄茶揉捻可以采用热揉，在湿热条件下易揉捻成条，也不影响品质。同时，揉捻后叶温较高，有利于加速闷黄过程的进行。

三、 闷黄操作

(一) 闷黄技术原则

黄茶堆积闷黄的实质是湿热引起叶内成分一系列氧化、水解的作用，这是形成黄叶黄汤、滋味醇浓的主导工序。闷黄技术的好坏受到很多因素的影响，如闷黄叶的温度、含水量、闷黄时间等因素，因此在闷黄时要掌握以下技术要点。

1. 闷黄叶含水量与叶温把握

影响闷黄的因素主要有茶叶的含水量和叶温。含水量愈多，叶温愈高，则湿热条件下的黄变进程也愈快。闷黄时理化变化速度较缓慢，不及黑茶渥堆剧烈，时间也较短，故叶温不会有明显上升。制茶车间的气温、闷黄的初始叶温、闷黄叶的保温条件等对叶温影响较大。为了控制黄变进程，通常要采取趁热闷黄，有时还要用烘、炒来提高叶温，必要时也可通过翻堆散热来降低叶温。闷黄过程要控制叶子含水率的变化，防止水分的大量散失，尤其是湿坯闷黄时要注意环境的相对湿度和通风状况，必要时应盖上湿布以提高局部湿度。

2. 闷黄时间把握

闷黄时间的长短与黄变要求、含水率、叶温密切相关。在湿坯闷黄的黄茶中，温州黄汤的闷黄时间最长（2～3d），最后还要进行闷烘，黄变程度较充分。北港毛尖的闷黄时间最短（30～40min），黄变程度不够重，因而常被误认为是绿茶，造成"黄（茶）绿（茶）不分"。伪山毛尖、鹿苑毛尖、广东大叶青则介于上述两者之间，闷黄时间5～6h。海马宫茶、君山银针、蒙顶黄芽的闷黄和烘炒交替进行，不仅制工精细且闷黄是在不同含水率条件下分阶段进行的，前期黄变快，后期黄变慢，历时2～3d，属于典型的黄茶。霍山黄芽在初烘后摊放1～2d，黄变甚明显，所以有人说霍山黄芽应属绿茶。近年来，新创制了霍山翠芽，成为名优茶中的一个新产品。这样黄芽、绿芽同出霍山，品质各异，可能就不会"黄绿不分"了。黄大茶堆闷时间 2d 以上，有的长达 7d 之久。但由于堆闷时水分含量低（已达九成干），故黄变十分缓慢，其深黄显褐的色泽主要是在高温拉老火过程中形成的。

（二）闷黄操作方法

黄茶闷黄工艺的主要做法是将杀青或揉捻后的茶叶用纸包好，或堆积后以湿布盖之，时间几十分钟至几个小时甚至几天。有的只闷一次，有的要闷两次，方法不一。根据闷黄先后的不同，各种黄茶分为湿坯闷黄和干坯闷黄。

1. 湿坯闷黄

湿坯闷黄是在杀青后或热揉后堆闷使之变黄，由于叶子含水量高，生化变化快，黄变时间较短。海马宫茶杀青后趁热紧捏成小团，经 24h 左右可以变黄；伪山毛尖为杀青后热堆，经 6～8h 即可变黄；平阳黄汤杀青后，趁热快揉，重揉堆闷于竹篓内 1～2h 就变黄；北港毛尖炒揉后，覆盖厚棉布半小时，俗称"拍汗"，促其变黄；贞丰坡柳茶在揉捻后捏成毛笔状，在低温下 24h 左右才能变黄，新工艺采用高温，在高温高湿下半小时左右即可变黄。

2. 干坯闷黄

又分为散堆和纸包的闷黄，初烘干后再行装篮堆积闷黄。初烘叶含水量较低，生化变化速度缓慢，黄变时间较长。如君山银针，初烘至六七成干，初闷 40～48h 后，复烘至八成干，复闷 24h，达到黄变要求。黄大茶初烘七八成干，趁热装入高、深而口小的篾篮内闷堆，置于烘房 5～7d，促其黄变。霍山黄芽烘至七成干，堆闷 1～2d 才能变黄。

总之，尽管各类黄茶堆积变黄有先有后，方式方法各有不同，时间长短不一，但都是闷黄过程，这就是黄茶制法的特殊性。

四、 干燥操作

（一）干燥技术因素

1. 温度

黄茶干燥的温度因干燥方法的不同，相差很大。高的 150～160℃，低的 40～50℃。干燥中供应的热量使叶温上升。干燥温度的高低与制茶品质很有关系。干燥温度过高，使叶子外层先干，形成"硬壳"，妨碍叶子内部水分继续向外扩散蒸发。这种"外干内湿"的叶子，叶内部凝结着水蒸气，所发生的化学反应使香味劣变，叶色干枯。这种茶叶在贮藏中，由于实际含水量较高，容易产生陈化及霉变。干燥温度过低，叶温也太低，不仅水分蒸发慢，严重的是产生不利品质的热化学反应，使茶叶香味低淡，不爽快。

干燥温度先低后高，是形成黄茶香味的重要因素。堆积变黄的叶子，干燥时温度掌握比其他茶类偏低，且有先低后高的趋势。这实际上是使水分散失速度和多酚类化合物的自动氧化减慢，叶绿素及其他物质在湿热作用下进行缓慢转化，促进黄叶黄汤的进一步形成，然后用较高的温度烘炒，固定已形成的黄茶品质，同时在干热作用下，使酯型儿茶素裂解为简单儿茶素和没食子酸，增加黄茶的醇和味感。糖转化为焦糖后，氨基酸受热转化为挥发性醛类物质，形成黄茶香气的重要组分。低沸点芳香物质在较高温度下一部分挥发，部分青叶醇发生异构化，转为清香；高沸点芳香物质由于高温作用显露出来。

2. 叶温与翻动

叶量的多少主要根据制茶技术对叶温和水分蒸发速度的要求来确定。干燥初期，叶子含水量较多，不仅要提高干燥温度，还要叶量少。随着干燥过程的进展，叶子含水量降低，叶量可以相对地增多。干燥初期，对叶子的翻动容易使叶子形状改变。

（二）干燥操作方法

1. 手工干燥

手制黄茶又分锅炒和烘焙两种，锅炒二青的投叶量 2.5～3kg（即 2～3 锅杀青叶合并一锅炒），下锅温度 120～140℃，炒时茶叶发出轻微的爆声，炒 5min 左右，温度逐步下降，直到茶叶不太烫手时为适度。温度太高易产生泡点，太低叶子易闷黄，叶底也暗。炒二青的方法是手心向下，手掌贴着茶叶沿着锅壁向上推起翻炒，轻抖轻炒，用力不可太大，否则易压成扁条，并注意随炒随解散团块，随着水分逐步散失，茶条开始由软变硬，用力也逐步加重，以炒紧茶条。炒至 6～8 成干时，即可出锅摊凉，以便辉锅干燥。

烘二青的方法是用焙笼或土灶炉烘焙，烘炉以烧木炭最好，待烟头全部烧尽后，上盖一层灰，改成中间厚四周薄，使火温从四周上升，焙心受热均匀。烘茶前要把焙心烧热。初烘时焙心温度达到 90℃时开始上茶，上茶时焙笼应移到托盘内，摊叶要中间厚四周薄，每笼摊揉捻叶 0.75～1kg。烘焙过程中，每隔 3～4min 翻一次，经过 5～7 次，达到 6～8 成干时，即可下焙摊凉。

摊凉目的使初干后的茶坯内外干湿一致，有利于复干时干燥程度均匀，摊凉至室温时，即可进行辉锅。

辉锅时以合并 2～3 锅二青叶做一锅为好，辉锅温度以 80～90℃为宜，茶坯下锅后无炸响声，当茶条开始转为灰绿时，锅温下降至 70℃左右，这时炒的速度应加快，用力宜轻，每分钟抖炒翻动40～50次，当炒到茶香外溢时，手碾成粉末状，色泽浅黄即为辉锅完毕。辉锅时间一般为 30～45min。

2. 机械干燥

当前，由于各地使用的机具不同，干燥的方法也不同，黄茶干燥方法采用先烘后炒较好，即二青采用烘的方法，这种方法有很多优点。

烘二青在生产上用自动烘干机或手拉百叶式烘干机，采取一次干燥法。温度控制在 $100\sim110\,^\circ\text{C}$，摊叶厚度 $1.5\sim2\text{cm}$。当烘至 $6\sim8$ 成干时即出烘摊凉散热。辉锅（足干）温度以掌握 $100\,^\circ\text{C}$ 左右为宜，当茶条回软、内外叶温一致时，也可适当提高叶温。在辉锅过程掌握温度也是由高到低，最低 $60\,^\circ\text{C}$ 左右即可，出锅时锅温以 $50\sim60\,^\circ\text{C}$ 为好。辉锅好的茶叶其外形色泽灰润有光泽，茶条完整度好，香气高爽，干茶含水分在 5% 左右。

（三）干燥程度掌控

茶叶干燥过程中，不同阶段对干燥技术要求也不同。第一阶段，以蒸发叶子水分作用为主。第二阶段，叶子可塑性好，最容易发生变形，也是做形的最好阶段。第三阶段，叶子水分已降到 $15\%\sim18\%$，是形成茶叶香味品质的主要阶段。根据干燥的阶段性，产生分次干燥。有的将干燥过程相应地分为三次干燥，有的分为二次干燥、四次干燥、五次干燥。

三次干燥：烘二青含水在 50% 左右，手捏不粘手，手握成团，松手弹散。三青含水分在 20% 左右，手握有触手感觉，手碾叶成碎片。足干含水分在 5% 以下，手碾茶成粉末。

二次干燥：烘二青水分在 $20\%\sim25\%$，手握茶有触手感。辉锅水分在 5% 以下，手碾茶成粉末。毛茶起锅后，应立即摊凉散热，即行密闭贮藏，以防止茶叶吸湿回潮，影响茶叶品质。

第三讲　手工初制

以君山银针为例。君山银针产于湖南省岳阳市君山岛上。岛上环境非常独特。一是君山岛具有特殊的小气候条件。君山岛四面环水，无高山深谷，太阳从早到晚都能照射全岛，日照时间比较长，年均日照量为 1740h，年均气温为 $16.9\,^\circ\text{C}$；年均降水量为 1340mm，空气湿度大，终年云雾蒸腾，年均空气相对湿度84%；阳光中漫射光较多，空气温度变化较平缓，而地面昼夜温差大，这种小气候特别有利于茶树生长。二是地质条件优越。君山岛上土质主要为细小砂质土，肥沃深厚，土质疏松。盛夏季节，高温迫使茶树主根向纵深延伸，以便吸收土层深处的水分和养料，以至有些茶树主根长达2米多。三是岛上良好的生态环境。森林覆盖率达90%以上，由于树木荫蔽的谷地和坡地，冬季气温高，春季温度变幅小，全年光照弱、风速小、湿度大、云雾多，为孕育了君山银针优良品质提供独特环境。

一、品质特征

君山银针外形芽头肥壮挺直、匀齐，满披茸毛，色泽金黄光亮，有"金镶玉"之称。内质香气清鲜；汤色杏黄明亮，滋味甘醇；叶底芽身肥软，色泽黄亮。饮用时，将君山银针放入玻璃杯内，以沸水冲泡，这时茶叶在杯中一根根垂直立起，踊跃上冲，悬空竖立，继而上下游动，然后徐下沉，簇立杯底。军人视之谓"刀枪林立"，文人赞叹如"雨后春笋"，艺人偏说是"金菊怒放"。君山银针茶汁杏黄，香气清鲜，叶底明亮，被人称作"琼浆玉液"。

二、制茶工艺

（一）工艺流程

鲜叶→摊放→杀青→摊晾→初烘→摊晾→初包→复烘→摊晾→复包→足火→毛茶→精制。

（二）具体操作

1. 鲜叶要求

君山银针系清明前后10d采摘单芽。君山银针对芽头要求严格，有"十不采"的规定：即开口芽、弯曲芽、空心芽、紫色芽、风伤芽、虫伤芽、病害芽、瘦弱芽、雨水芽和露水芽不采。要求芽长25～

30mm，宽 3～4mm，留 2～3mm 的嫩茎。每千克银针需 4.5 万～5 万个鲜芽。采后稍事拣剔，除去不合格芽头即可付制。

2. 手工加工

（1）杀青　采用 25℃的斜锅，锅的口径为 60cm。杀青锅温为 120～125℃，每锅投叶量为 300g。杀青应先将锅磨洗干净，涂上炒茶专用油，使锅光滑。然后加温，待温度适度时，投茶芽入锅，迅速翻炒，使其均匀受热，温度升高，水分大量散失，再将锅温降至 110℃左右，翻炒 1～2min，使芽蒂柔软、青气消失、发出茶香、减重 30%左右时，出锅摊晾。

（2）摊晾　杀青叶出锅后，放在小蔑盘中，轻轻簸扬数次，散发热气，剔除断尖、碎片，摊晾 2～3min，使茶坯水分分布均匀即可初烘。

（3）初烘与摊晾　摊晾后的茶芽，放置竹制小盘中（竹盘直径 46cm，内糊两层皮纸），放在焙灶（灶高 83cm，灶口直径 40cm）上，用炭火进行初烘，温度控制在 50～60℃，每隔 2～3min 翻动 1 次，烘至五六成干即可下灶。初烘温度要掌握适当，茶芽不能烘得过干或过湿。过干，初包转黄困难，叶色还呈青绿色，达不到香高色黄的要求；过湿，香气低闷，色泽发暗；下烘后摊放 2～3min，进行初包。

（4）初包　初包是形成君山银针黄叶黄汤的关键工序。其目的是使茶坯在湿热作用下，叶绿素脱镁而成去镁叶绿素或脱植基叶绿素，色泽变黄；多酚类物质产生氧化聚合生成黄色的聚合物而减少了茶的涩味，转化为醇和滋味的物质。初包是将在制茶芽每 1～1.5kg 用双层皮纸包成一包，置无异味的木制或白铁皮箱中，放置 48h 左右，待芽色金黄为适度。初包时茶叶不可过多或过少。过多，变化剧烈，茶芽色泽变褐变暗；过少，变色缓慢，芽呈黄绿色，达不到要求。由于茶芽在包内氧化放热，包温可能升至 30℃，此时要及时解包翻动，使其散热，再行包好。初包时间与气温高低有关。当室温 20℃时，初包约需 40h；室温 15℃时，约需 48h。

（5）复烘与摊晾　复烘的目的在于散失水分，固定品质。烘量比初烘量多 1 倍，温度掌握在 50℃，烘约 1h。每隔 10～15min 翻动 1 次，烘至七八成干下烘摊晾。

（6）复包　操作方法与初包时相同。其作用是弥补初包时芽坯内含物转化的不足；时间为 20～24h，待芽色金黄和透有浓高的茶香为适度。

（7）足火　经复包的茶芽，君山银针的品质特征基本形成。为进一步保持水分，激发香气，最后以 50～55℃ 的低温进行足火，每次烘量一般为 0.5kg 左右，焙至含水量为 5％～6％。

第四讲　机械初制

以广东大青叶为例。广东大青叶产于广东省韶关、肇庆、湛江等地，是黄茶中品质特殊的茶品。制作工艺有红茶的萎凋工序，又有黄茶的闷黄工序，鲜叶嫩度较高。但由于是大叶种，故枝大叶大，亦称黄大茶。广东省属南方茶区，北回归线从省的中部通过。五岭又处北缘作屏障，可阻止寒流的直袭。产区属亚热带、热带气候，气候温热多雨，年均气温大多在 22℃ 以上，年降水量 1500mm。茶园多分布在岗丘地区，土质多为微酸性红壤，透水性较好，适宜茶树生长。

一、品质特征

外形条索肥壮，紧结重实，老嫩均匀，叶张完整，芽毫明显，干茶色泽青润显黄，冲泡后汤色橙黄明亮，滋味浓醇回甘，香气纯正，叶底呈淡黄色。产品分 1～5 级。

二、制茶工艺

（一）工艺流程

鲜叶→萎凋→杀青→揉捻→闷堆→毛火→摊凉→足火→大青叶毛茶→精制。

（二）具体操作

1. 采摘要求

大青叶以大叶种品种作原料。采摘标准为 1 芽 2～3 叶。要求老嫩一致，不采过嫩芽叶，不采单片。采回后略经摊放即付制。

2. 加工方法

（1）萎凋　大青叶不同其他黄茶，它的第一道工序需经萎凋。萎凋可用日光萎凋、室内萎凋和萎凋槽萎凋。不论采用哪种萎凋方法，鲜叶应均匀摊放在萎凋竹帘上，厚度为 15～20cm，嫩叶要适当薄摊，老叶可适当厚摊。为使萎凋均匀，萎凋过程中要翻叶 1～2 次，动作要轻，避免机械损伤而引起红变。日光萎凋系是将鲜叶薄撒在竹帘上，在日光下晒，10～15min 翻动 1 次，待芽叶绵柔、色泽暗绿，即可收拢至荫凉处摊晾。如若萎凋不足，可再置日光下晒 5～10min。室内萎凋以室温 28℃ 左右为宜，一般萎凋 4～8h。大叶青萎凋程度较轻，春茶季节萎凋叶含水率要求控制在 65%～68%，夏秋茶 68%～70%。可见萎凋程度与青茶相当，其理化变化程度也大致相似。如果鲜叶进厂时已呈萎凋状态，则不必要进行正式萎凋，稍经摊放即可杀青。鲜叶青气消失、发出淡淡清香即为适度。

（2）杀青　杀青是制好大叶青的重要工序，对提高大叶青的品质起着决定性作用。大青叶一般采用机械制作，用滚筒式杀青机杀青，以杀透、杀匀为度。机械杀青方法以 84 型双锅杀青机为例，当锅温上升到 220～240℃。即投入萎凋叶 8kg 左右，先透杀 1～2min，再闷杀 1min 左右，透闷结合，杀青时间 8～12min，当叶色转暗绿、有黏性、手捏能成团、嫩茎折而不断、青草气消失、略有熟香时即起锅。

（3）揉捻　一般用中、小型揉捻机。要求条索紧实，又保持锋苗、显毫。揉捻程度不宜太重，高级茶需轻揉，以保芽毫。以 65 型揉捻机为例，投叶量约 40kg，全程揉捻时间 45min，第一次揉

30min，先不加压揉 15min，再轻压 10min，松脆 5min，下机解块；第二次揉 15min，先中压 10min，后松压 5min，解块筛分出一号茶、二号茶、三号茶，进行闷堆。

（4）闷堆　是形成大叶青品质特点的主要工序。将揉捻叶盛于竹筐中，堆积厚度为 30～40cm，放在避风而较潮湿的地方，必要时上面盖上湿布，以保持叶子湿润，叶温控制在 35℃ 左右。在室温 25℃ 以下时闷堆时间 4～5h，室温 28℃ 以上时 3h 左右即可。闷堆适度时，叶色黄绿而显光泽、青气消失、散发出一种浓郁的特殊香气即可。

（5）干燥　大青叶干燥分毛火和足火两种。毛火一般采用焙笼，具有炭火的火香味。毛火火温 110～120℃，烘时 12～15min，烘至七、八成干，摊凉 1h 左右。足火干燥火温 90℃ 左右，烘到足干，即下烘稍摊凉，及时装袋。毛茶含水率要求不超过 6%。对于粗老的茶叶，毛火可用太阳晒到七成干，再行足火。

微博神聊 ⌄

　　用图文并茂的微信（微博）形式说明"闷黄工序对黄茶品质形成起到的作用"，并将该条微信（微博）发到朋友圈（微博空间）与大家交流。

模块四

黄茶精制

茶鲜叶经过杀青、闷黄及干燥等工艺制成的茶称为黄毛茶，用毛茶进行加工的产品，称"精茶"或"成品茶"。黄毛茶形态很复杂，条索有细紧的，有粗松的；有浑条形的，也有圆形或扁形的；有尖直的，也有弯曲的；呈钩形的，也有蝌蚪形的，极不整齐。长的轧短，粗的轧细，大的轧小，弯曲轧成断碎的短条或碎茶，茶叶精加工就是毛茶经过拼配付制，得到一批外形内质基本一致的茶叶成品。

第一讲 工艺分解

一、 基本工艺

1. 筛分

筛分是黄毛茶加工技术的主要作业，目的是整理形状，使茶叶外形相近似。主要是分离茶叶的大小，茶叶的大小包括长短、粗细、轻重、厚薄等。嫩叶制成的黄毛茶，条索一般较紧细重实或颗粒较圆结重实；老叶制成的黄毛茶，条索一般较粗松轻飘或颗粒较松大轻飘，所以需要筛分出等级与优次。

2. 切轧

黄毛茶的外形，有粗大的，有弯曲的，有折叠的，或梗的尖梢附着嫩叶，通不过筛孔面被夹在头子茶内，形成长圆不一，就要切断或轧细，才能通过筛孔，使整齐划一。该工艺不仅对正茶率起决定性作用，而且对品质的影响也很大。

3. 风选

风选主要是利用有各种风力选别机，分出茶叶的轻重和厚薄，扬去夹片、茶末和无条索的碎片或其他轻质的夹杂物。重实的茶叶下落快，落的近。重的茶叶品质好，轻的茶叶品质差，把不同轻重的茶叶分成许多不同的等级，是黄茶精制定级主要阶段。

4. 拣剔

拣剔是除去粗老畸形的茶条，整齐形状。拣出茶籽、茶梗，既可补救采制的粗杂，又能矫正筛分、风选的疏漏，提高净度，对外形品质提高作用很大。

5. 再干燥

为便于与初加工的干燥有所区别就称为再干燥，有时反复进行，目的是蒸发多余的水分和提高茶叶色香味。不是每种制茶都需要再干燥，但需要长途运输的黄茶，再干燥程序是必要的环节。

黄毛茶精制工艺流程路线：

黄毛茶→筛分→切轧→风选→拣剔（手拣、机拣）→再干燥（补火、做火、复火）→装箱（袋）。

精制工艺不是每次（类）黄茶精制都要全部使用，可以根据精制茶叶级别及用途挑选组合采用。

二、 精制的主体设备

1. 筛分设备

主要有平面圆筛机、抖筛机、滚筒圆筛机、飘筛机等，其中，滚筒圆筛机仅用于绿茶等先抖后圆付制茶类的初分大小，使用面较窄，市场少有成型产品销售；飘筛机作撩片之用，工效低，现已近乎淘汰不使用。

（1）平面圆筛机　平面圆筛机的主流机型有 6CSPY-73 型、6CSPY-766 型（见图 4-1）及 6CSPY-82 型，单层四筛，回转式，有两种转速。筛床转速 188r/min 的"慢速机"用作分筛，转速 208r/min 的"快速机"用作撩筛。平面圆筛机主要用于分离茶叶外形长短，便于后续作业。结构包括机架、传动机构、曲轴及与曲轴相连的筛架，设置装有可调平衡块曲轴和弹性可调支承脚，筛架四周有拉簧与机架相连。平面圆筛机采用动平衡结构，由电机驱动装置驱动旋转，转轴上曲柄与平面回转筛床连接，平衡曲柄和筛床回转产生离心惯性力。该设备运行中较为平衡，性能稳定；但进料不匀，灰尘偏重。现已有出进料口面罩全封闭吸尘、机侧面装卸筛、金属板钻孔筛及配套上叶斜输等改型平面圆筛机面市。

图 4-1　6CSPY-766 型平面圆筛机

（2）抖筛机　主要用于茶叶精制中的筛分粗细及抖筋，也适用于花茶加工中的起花作业。主流机型为 6CED-767 型双层抖筛机和 6CDS-75 型单层抖筛机（见图 4-2），由机架、弹簧板支承的筛床、传动机构及曲轴连杆机构等组成，曲轴转速 250r/min。单层抖筛机主要用于茶叶毛抖取料和窨花后起花，双层抖筛机则多用于紧门套筛。

茶叶抖筛机常用的前缀式曲轴连杆机构（筛床前），占地空间及噪声较大，现已推出下缀式（筛床下）连杆机构，平衡性提高。曲轴连杆机构较复杂、易损坏，从而造成抖筛机工艺性能存在较大缺陷。目前，改进型抖筛机的筛床与机架连接采用平行四连杆机构和螺旋悬挂弹簧，优化筛床的振动频率、振动方向，以曲柄代替曲轴，整机结构紧凑。新研制设备将铁织筛网改成金属板筛网，设计自动清刮筛机构及封闭除尘装置。

图 4-2　6CDS-75 型单层抖筛机

2. 切茶设备

主要有细胞式滚筒切茶机、齿辊切茶机、螺旋切茶机等，生产效率较高，但易损伤锋苗及产生较多的碎末副茶，目前只能通过多做少切、调控切茶程度等进行工艺调节。

（1）滚切机　滚切机全称细胞式滚筒切茶机，多为双滚筒式，也有三滚筒式，主要型号有 CGQ-20 型、6CGQ-92 型等。由辊筒、进茶斗、切刀、进茶挡板、出茶斗、切刀安全装置及传动部件等组成，核心部件是两个辊筒和切刀。辊筒多由铸铁制成，表面均布矩形凹槽，辊筒常配有 12mm×12mm、10mm×10mm、10mm×8mm、8mm×8mm、8mm×7mm 等多规格凹槽。作业时一对辊筒作反向旋转，切刀装于辊筒外侧，刀轴装在机壳两侧，刀刃线与辊筒轴线平

图4-3　6CCQ-60
型齿辊切茶机

行，刀轴上安有平衡重杆及饼状平衡铁块，调控切刀松紧度切茶，凹形方孔保护茶条索锋苗。细胞式滚筒切茶机主要用于绿茶等条形茶类的切茶作业。

（2）齿切机　全称齿辊切茶机，主要机型有 6CCQ-50 型和 6CCQ-60 型（见图 4-3）等。齿辊切茶机由齿辊（辊筒）、齿刀（齿板）、进茶斗、传动装置和切刀保险装置等部件组成，核心部件是齿形切轴和齿状切刀，齿辊上的棱齿与轴向均呈三角形，棱齿与齿刀相啮合，距离一般为 6～8mm，间隙可在 0～1.8mm 范围内调节。茶叶经进茶斗落于齿辊和齿刀之间，随着齿辊转动，大于齿辊与齿刀距离的茶叶便被切断，齿刀一端安有平衡铁块和弹簧。作业时，齿切机齿轴旋转，棱齿相合而切断茶料，调节切轴和切刀间距来控制切茶程度，主要用于条索紧结的炒青等茶类切茶作业。

（3）螺切机　全称螺旋切茶机，主要型号有 6CFS-30 型和 6CFS-26 型（见图 4-4）。螺旋切茶机有单辊、双辊两种机型。双辊螺旋切茶机滚筒直径为 160mm，长度为 540mm，辊筒上螺旋有 20 头和 16 头两种，两辊转向均为右旋，主辊转速 500r/min，两辊间传动比约为 2，两辊有速度差，产生搓切作用，达到保梗切茶作用。单辊螺旋切茶机滚筒直径为 180mm，长约 580mm，辊上设有 2 头或 4 头左螺旋，辊筒与外壳的间隙为 30mm，工作转速为 400r/min。目前使用最广的单辊螺切机主要用于处理毛茶头、机拣头或低档茶的大梗叶，螺旋式推进作业，达到

图4-4　6CFS-26 型螺旋切茶机

茶、梗分离，但碎茶率较高。

3. 风选设备

风选机是利用茶叶的重量、体积、形状的差异，借助风力分清茶叶中不同容重（俗称身骨）的茶料及分离砂石、草茎叶等杂质。工作原理是通过水平方向、风量适当均匀的风力使茶叶吹散，容重基本一致的茶料落在一起，有正口、正子口、子口等之分，能起到茶叶分级、定级及去片除杂的作用。按风机、风源及物料变化，分为吸风式风选机、送风式风选机。目前，生产中适用的主流机型有 6CEF-40型（见图 4-5）和 6CEF-50 型送风式风选机，选用风力较为平稳的多片式离心风机，风扇转速 800～1200r/min，选别挡数 7 挡，最大送风量 5000m³/h。作业时，要保持茶叶进料量均匀，针对不同容重的茶料调整风量和分隔板位置，分隔板之间参考距离为 600～800mm。先固定较大风门，调整风机转速，再微调进风口大小，配合调整分茶隔板角度，待取料达到要求后，才能进行正常取料。吸风式风选机目前市场少有现货供应，需要定制，现在生产中尚存使用的吸风式风选机多以传统木质型为主，并配有封闭式布袋吸尘装置。

图 4-5 6CEF-40 型茶叶风选机

4. 拣剔设备

拣梗去杂是茶叶精制中费工费时且又非常关键的工序，拣剔作业已是茶叶精制中质量与成本控制的瓶颈环节。常规的茶叶拣剔设备主要是阶梯式拣梗机、静电拣梗机。阶梯式拣梗机只能拣剔粗长筋梗，静电拣梗机则以拣剔细筋嫩梗为主，这两种茶机选别率低、误拣比高。光电色选机的系统应用给茶叶精制带来了一场重大变革。

图 4-6　6CCJ-82 型阶梯式茶叶拣梗机

（1）阶梯式拣梗机　阶梯式茶叶拣梗机主流机型是 6CCJ-82 型（见图 4-6），主要由机架、筛床、传动结构、提升系统组成，槽板工作宽度 800mm。工作原理是将经过筛分和风选以后的茶梗混合物，通过振动槽板和拣梗轴，利用梗、叶的摩擦系数差异，使较长的茶梗穿越槽沟，从而达到茶叶与茶梗分离，在拣梗的同时也有区分茶条长短的作用。阶梯式拣梗机能使茶叶中的茶梗及较长的夹杂物与茶叶基本分离，普遍适用于眉茶、珠茶及工夫绿茶等茶类的粗长梗叶拣剔作业。

（2）静电拣梗机　由静电发生器和机械分拣机构两大部分组成，整机有直流高压发生器、送茶滚筒、导电滚筒、分隔板、机架、动力与传动装置等。工作原理是利用茶叶和筋梗在静电磁场中所受到的静电感应力不同进行拣剔。其中，升压变压器的高压回路上有整流器，电路一端接电极筒，另一端接分配筒并接地，机械分拣部分有进料斗、匀叶下叶斗、分配筒或弧形板、电极筒、分离板、出梗斗和出茶斗，匀叶下叶斗与震动器相连。由于筋梗含水率较高，产生静电感应强，作用力大，受导电滚筒引力大，越过分隔板与茶叶分离。因此，静电拣梗机主要用于中高档茶细嫩筋梗的拣剔作业。常用静电拣梗机见图 4-7。

（3）光电色选机　光电色选机是指利用特殊识别镜头捕捉物料表面像元素信号，采集物料透光率信号及其他成分的信息，并利用 PLC 控制及 CPU 处理，实现光电信号互换，并与标准信号对比分

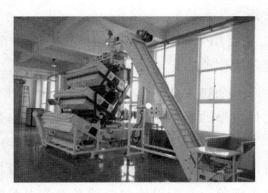

图 4-7　静电拣梗机

析出物料的品质优劣，再利用压缩空气将该劣质物料剔除的集光、电、气、机于一体的高科技机电设备。光电色选机主要部件有：供料系统（进料斗、振动喂料器、溜槽）、光电系统（光源、背景板、光电检测器、数码相机）、分选系统（正品槽、副品槽、喷气阀、空气压缩机、空气净化器和过滤器）、电控系统（信号调理部件、时序部件及微机控制系统）、操作系统（色选工作站及其运控操作系统）等。色选机的选别率、带出比、灵敏度及稳定性是评价光电色选机性能的主要指标，而原料条件、人员操作及辅助设施与设备则是影响茶叶色选技术效果的主要因素。通过在茶叶精制中系统使用光电色选机拣剔茶梗等夹杂物，无

需使交付色选的筛号茶长短粗细过于规格化，不但除杂效果好，还可优化茶叶精制工艺，减少反复切、抖、撩等筛制作业，避免茶叶过多的断碎、短钝，并达到拣剔质量高、工效高、制茶成本降低、制提率提高的加工效果，基本解决了以往茶叶拣剔质量差和工效低的缺陷。常见光电色选机见图 4-8。

图 4-8　T4 茶叶光电色选机

（4）除杂设备

① 取石机：主要用于剔除茶叶中的沙、石等重杂物，其原理是茶叶在通过一定角度作前后运动的网面时，从网下吹出的均匀风力将茶叶向前吹送，而重杂物无法被吹走，从而茶叶与重杂物得到分离。技术要点：主要是风量的调整控制，茶叶要保持均匀分布占整个网面的 50%～70%，保证取出沙石的纯度；还要使风力均匀分布在网面，且定期清理网面，以免堵塞而降低除杂效果；而且投料量应均匀、避免进料量忽大忽小现象，并配设除尘装置及经常保养维护。

② 金属探测器：主要用于探测茶叶中的金属杂物如铁、铜、铝等和带有金属成分的铝箔纸等，其原理是通过在探头周围产生高频电磁场，当金属杂物进入高频电磁场时，引起电磁场产生能量损耗，探出杂质并自动剔除杂质。金属探测器一般安装在装箱工序之前，使用前要进行灵敏度的检测，过程中还应进行检查以防因震动或茶叶粉尘影响其灵敏度。

5. 匀堆机

茶叶匀堆机分为行车式（皮带式与小车式）、撒盘式、滚筒式、定量配茶连续式等，各种匀堆机的结构、型式、型号标记、主参数及主参数系列有一定差异。生产中使用最广的是行车箱体式和滚筒式匀堆机，行车箱体式主要缺点是茶尘外泄，滚筒式主要缺点是碎茶。滚筒式匀堆机由滚筒、传动装置、托轮装置三部分组成，滚筒是该机的关键部件，决定工艺性能及拼配质量，作业时茶料径向翻滚，轴向推动，进料与出料连续、均匀，适宜小批量茶叶拼配匀堆。行车箱体式匀堆机由多口进茶斗、输送带、行车、拼合斗和装箱机等部件组成，拼合斗分为初匀斗、复匀斗两组，每组由 8～15 只分斗构成，各筛号茶能达到良好的拼和匀度，适宜大批量茶叶拼配匀堆。现在大部分出口茶厂使用行车箱体式匀堆机，为解决茶尘外泄问题，现已采取全封闭作业及吸尘除尘结构。常见小型匀堆机见图 4-9。

图 4-9　A-2 卧式茶叶匀堆机

第二讲　工序攻关

一、筛分操作

黄毛茶加工，长短的筛分最常用；其次是粗细的筛分；轻重和厚薄的筛分比较少用。筛分动作不同，作用也不同，要达到什么目的，就要用什么动作。筛分只有三种动作，即左右回转、来回摆功和旋转跳动。

（一）回转筛

回转筛是圆周运动，起分离长短的作用，茶叶布满全筛运动旋转，旋转的方向与筛的运动方向相反，沿着筛面作回转运动，使茶叶通过不同的筛孔分开不同的长短，也称小平圆筛。机制茶分分筛和撩筛。常用平圆筛见图 4-10。

1. 分筛及灰筛

茶坯分离长短，一般要经过三四次分筛。第一次叫分筛，以后各次叫撩筛。分筛的作用主要分别茶坯的长短或大小。灰筛是炒茶后去

图 4-10 平面圆筛机

粉末，动作与一般分筛相同，只是圆周转动稍为慢些。

2. 撩筛及捞筛

撩筛圆周转动比分筛大些、快些。撩筛的作用主要把不符合要求的长茶或粗大颗粒撩出，同时也把不符合要求的短小茶筛出，使各筛孔茶的长短或大小进一步匀齐，以利于下接工序的风选或机拣。

捞筛与撩筛运动相同，但更大、更快，可以捞出长梗、长茶或粗大粒茶，补撩筛的不足。

（二）抖筛

抖筛是筛面做前后来回摆动，茶坯在筛面跳动作用而形成垂直状态，通过不同的筛孔，将粗细分离开来，使长形茶分出粗细，圆形茶分长圆，茶坯条块连结也可拆开，具有初步划分等级的作用，所以通过抖筛的茶坯即可分别定级。

茶坯分离粗细，一般要经过二三次抖筛。抖筛作业，习惯上叫"抖头抽筋"或"抖头取坯抽筋"。抖筛机分平式和斜式。

（三）飘筛

飘筛的振动是循环旋转结合上下跳动，俗称跳筛。茶坯中含有形态不成卷条的轻质碎茶、破叶、黄片都可用飘筛分离。飘筛的作用是茶叶平铺在筛面，茶叶运动与筛的振动方向相反，上下跳动，重实的片沉于筛底，穿过筛孔下落；轻飘朴片浮在上面中央，未穿过筛孔下落，就此分开轻重。飘筛机有两种，分别是单层筛面式和圆形双层筛面式。

二、切断与轧细

即切轧，利用切轧机进行切轧，切轧机分轧细式、切断式、齿切式和螺切式。轧细机用两个嵌有凹凸条形的铁轮盘，一个固定，另一个活动。两个圆盘的距离依上切茶的大小随时调节，互相转动。粗茶两盘距离宜大，细茶宜小，长条茶宜大，圆块茶宜小。粗大的茶叶由漏斗通过就能磨细，自下口流出。也能将圆形茶分解为条形茶。因此，轧细的作用不分长短粗细，既能轧断粗大茶头，又能轧细过粗大的子口茶，主要用于轧碎筋梗茶。

轧细式效能小于切断式，并且茶叶末子也较多，出口茶较切断式容易碎，但是使用得当，其效能还起协助分离梗茶的作用。利用轧细机的挤压力作用，把拣头中还混有与茶梗一样长的茶条挤断，茶梗的韧性比茶条强，保持原来长度。经轧细后再分，就很容易把茶梗剔除。

齿切机又叫锯齿式切茶机，功用是切碎茶坯，主要用于切碎为短秃的茶头或轻片茶。

螺切机亦叫螺旋式切茶机。两个带有螺旋的滚筒向内转动，茶坯从两滚筒之间通过，将茶叶挤断或轧断。功用近似滚切机，但作用较滚切机好。

三、风选操作

(一) 吹风风选

吹风风扇分下出口和平出口，下出口又分为正口、子口、次子口。正口是靠近茶斗的口，出来的茶叫"正口茶"。正口茶条索紧结、重实、品质好，是正身茶或净茶。子口是在正口的旁边，出来的茶称为"子口茶"；半实半飘，比正口茶轻。次子口在子口的旁边靠近平出口，出来的茶称为"次于口茶"，比子口茶轻。平出口出来的茶称为"风扇尾"，是抗风最小的劣碎片、毛灰和其他特别轻的夹杂物。

（二）吸风风选

吸风风扇是一长方形的风箱，一边装有风扇机，另一边装有输送带，茶叶从输送带上下落，进入风箱，下有八个出口，依照抗风力的大小，分落八口，分为八种轻重不同的茶叶。越靠近下茶口这边，落下茶越快越重，属正口茶；越靠近风扇机这边，落下茶越慢越轻，属子口茶。

四、 拣剔操作

（一）手工拣剔

手工拣剔是目前去杂的次要工序。随着制茶技术逐渐提高，手工拣剔逐渐减少。将付拣茶堆放在拣板一角，用左手撒出少许放在拣板特制的黑环内，粗条索分开，所应拣出的全部暴露在眼前，两手并用，上下交取。拣净后用右手拨合，堆放拣板另一角，左手再拨未拣的茶。

（二）机器拣剔

1. 阶梯式拣梗

阶梯式拣梗是利用茶叶、茶梗形态不同，流动性差异而分离的。茶梗圆直平滑，流动性大，过槽沟不停留而顺直槽滑流到底入盛梗箱。茶叶流动性小，流到槽沟就掉落，与茶梗分离。这种拣梗机在拣梗同时，细长茶条也混入茶梗中，所以也具有分长短的作用。操作要掌握拣槽槽板与滚棍的距离，并与拣槽斜度及振动力大小相结合。先宽后窄，每层间隙宽度逐渐缩小，并要掌握下茶口档的疏密，适当调节拣床振动力。上段茶宜大，中段茶宜小。

2. 静电除梗

静电除梗是根据静电分离的原理，将茶叶与茶梗分开。茶叶、茶梗的含水量和结构不同，对电的感应量也不同。当混有茶梗的茶叶受到强电场的作用时，梗和叶的分子感应的电荷由于表面传导率不同而有显著的差异，这样可使茶叶、茶梗分开，而达到拣梗的目的。

3. 光电式拣梗

机器主要由光电探头、电脑控制装置、电磁弹板机构、标准测光板以及定时滚刷所组成。当含有茶梗的茶坯通过导向槽板时，由于茶叶、茶梗的颜色深浅不同，在光电探头上产生的电压大小也不同，通过电脑控制装置控制电磁弹板机构弹动或不弹动，从而达到分离茶叶与茶梗的目的。

五、再干燥

黄毛茶再干燥按照炒干目的和方法的不同，分为补火、做火和复火。茶叶经过再干燥，虽可发展香气，但是次数过多，温度太高，时间太长也会损害香气。

（一）补火

干燥程度不够的茶才需要补火，干燥程度够的茶就不必补，视需要而定。黄毛茶补火用烘，烘干机种类很多，国内茶厂都是使用循环链自动干燥机。热空气温度100℃左右，烘焙时间和摊叶厚度依毛茶的等级和含水量的不同而异。

（二）做火

在制品因在加工时吸收水分过多，必须烘干或炒干，以利加工。还有在某种操作前必须先把水分去掉，如生产绿茶的加工不时要烘焙。这些作业就是"做火"。做火的火候较补火重要，挥散水分要达到一定的要求，温度高低和时间长短依随时需要而定。

（三）复火

复火是在加工完毕装箱前，最后的烘或炒，以提高茶叶香气，减少茶叶水分，提高茶叶耐藏性，称"复火"，这个工序是毛茶加工所必经过程。烘制绿茶如果足火不够，就没有甜香，在毛茶加工时，就要复火，尽量使香气发展到一定的程度。如祁红的"老火香"都是经比较长时间的复火生成的，与热化作用相似。复火时间长短依毛茶品质不同而异。品质好的时间短，品质差的时间长。

第三讲 手工精制

初制茶叶难以达到商品茶所具有的品质水平，必须通过精制加工，方可使产品品质规范化、标准化、系列化，以保证产品品质的完整性、可靠性和商品茶具的有共同属性。黄茶的精制，应在精制加工之前将毛茶原料根据品质进行审评验收，定级归堆，再进行拼配加工，精制过程就是将初制好的毛茶，经过筛分、切断、风选、拣剔、补火提香等工序，按毛茶的大小、粗细、长短、轻重区分，加工成品质不同的成品茶的过程。

一、 筛分

筛分的作用是将不同长短、粗细的茶条分开，再分别分类成大小和粗细基本一致、符合一定规格要求的各种筛号茶。用来筛分茶叶的茶筛由竹篾制成，筛孔为正方形，根据筛孔的大小分为 1～10 号。筛茶操作主要有圆筛、抖筛等几种方式。

1. 圆筛

圆筛的目的是分离茶叶的长短或大小，操作时，两手对称握筛，托住筛筐，端平筛子，两臂配合，均匀用力，一堆一拉使茶叶随着筛子作平面回转运动，细短的茶叶通过筛孔落下，粗长一些茶条就留在了筛面上。手工筛分常用的圆筛见图 4-11。

图 4-11　圆筛

2. 抖筛

抖筛的目的是分离茶叶的粗细和长圆，分为手抖和吊抖，吊抖就是将筛子吊挂着筛茶，要比手抖省力一些。抖筛要求筛茶师傅身体直立，立姿要稳，两手用力要均匀，并且抖筛时，筛面要向前倾斜，与地面呈 20°～30°的角，这样才能达到良好的抖筛效果。随着筛茶师傅娴熟的抖筛操作，筛子平稳地上下作垂直运动，茶叶在筛面有节奏地上下跳动，细直的茶条就穿过筛孔落下，粗圆的茶叶就留在了筛面上。具体操作见图 4-12。

图 4-12　抖筛操作

二、　切断

切断往往是茶叶精制加工中经常遇到的基本作业，就是对留在筛面上的头子茶、长身头茶、筋梗茶等进行解体切断，由粗改细，由长切短，最后切成符合规格的茶叶。

切断操作时，将适量筛面茶装入一个干净的布口袋内，找一块干净的硬质地面，双手抡起布袋，将布袋摔向地面，注意抡口袋时要根据筛面茶的品质掌握相适宜的力度，用力不要过猛，以免将袋内的茶叶摔碎。

切断后的茶叶，要继续采用圆筛、抖筛、飘筛等方法进行筛分处理，使各孔号茶的规格、长短、粗细一致，筛分结束后，进行手撼风选。

三、　手撼风选

手撼就是手工撼茶，用直径为 70～100cm 的竹制撼盘来完成，操作时两手相对抓住撼盘两侧稍后部位，然后手腕和手臂同时用力使撼盘前半部上下挥动，并将茶叶扬起，轻飘的茶叶就受风力作用而飞

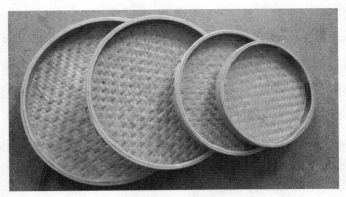

图 4-13　无孔茶筛

出撼盘之外。手撼风选后的茶叶，用烘焙提香两用机烘焙提香。图 4-13 是手工风选会用到的几种规格的无孔茶筛。

四、　烘焙提香

将茶叶薄摊在各层茶叶屉盒内，然后根据茶叶的含水量大小灵活掌握好烘焙提香的温度和时间，一般温度控制在 90～120℃之间，烘焙时长控制在 10min 左右。常用多功能烘焙提香机见图 4-14。

五、　拣剔

人工拣剔时，拣去前面工序没有剔除的粗老叶和夹片、茶梗、碎片及其他杂物，拣剔后的茶叶应当品质洁净，没有杂质。手工拣剔操作见图 4-15。

图 4-14　6CHX-70 烘焙提香机

图 4-15　手工拣剔

六、包装

按照规格要求进行包装（图 4-16），然后装袋装箱。

图 4-16　君山银针包装展示

第四讲　机械精制

　　精制过程是在初制基础之上的再加工，不但对茶叶外形进行整饰，同时也进一步提升茶叶品质。因此，相对毛茶而言，精制茶在从外形到内质的综合品质方面得以提升。黄茶有黄芽茶、黄小茶和黄大茶等三类，根据品质及级别要求差异，精制方法有一定的不同，但总体工序大致相同，由于其品质与绿茶相对比较接近，因此精制可以参照绿茶。下面在借鉴杭绿本身路精制技术简单介绍霍山黄大茶精制方法。

一、霍山黄大茶精制流程

　　毛茶复火→筛分→抖筛→复撩→机拣→风选（剖扇、复扇）→电拣→手拣→补火→净茶分筛→后紧门→净撩→清风→入库待拼→匀堆装箱。

二、 关键操作规程与要求

1. 投料复火

【操作规程】

a. 领料工按照生产计划安排拖茶，并作好记录；投料工按照均匀、连续原则付料。

b. 及时整理好包装袋，并注意每批每组的扫批工作，不得混乱。

c. 及时清理平圆筛面杂物，记录杂物数量及主要种类。

2. 初分

【操作规程】

a. 1000 型大平圆筛机配置三块筛网，技术员需要掌握筛网配置（1♯＋2.5♯＋16♯），面筛及底筛的孔径要根据茶叶质量及机口流量等实际情况及时调整。

b. 820 型平圆筛机配置四块筛网，技术员需要掌握筛网配置（4♯＋6♯＋8♯＋12♯），筛网的孔径要根据茶叶质量及机口流量等实际情况及时调整。

c. 每班要求刮筛四次，每天上午、下午各两次；皮带打蜡，上下午各一次。

【技术要求】

a. 初步分出茶叶长短、粗细及头子茶，并使头子茶中基本不含 4 孔以下茶叶。

b. 用于初分的 1000 型、820 型平圆机的头子茶分别堆码（珍眉茶上端头子或齿切后降级下批投料）。

c. 1000 型大平圆机的筛底茶堆码后，进整理组的平圆机，分出 10♯、12♯ 正茶和碎茶及黄末。

d. 820 型平圆机的筛底茶堆码后，进 8♯ 茶专用风选机，分出 8♯ 正茶。

e. 保持适度流量，使茶叶均匀分布筛面，勤刮筛片，确保筛网畅通。

f. 分清规格，区分茶叶长短，使外形匀齐，长短基本一致。

3. 抖筛

【操作规程】

a. 根据茶叶品质特征，在技术员指导下，架设筛网。

b. 保持筛面茶叶均匀，勤刮筛片，确保筛网畅通；及时标识号头茶，并作处置。

【技术要求】

a. 筛取茶条，分好粗细，去除粗大坨块、大片圆头，使头子茶不含细长茶条。

b. 联装的每组抖筛分二段，前段筛网比后段的孔径要紧一孔；一般使用 $8^\# + 7^\#$、$9^\# + 8^\#$、$10^\# + 9^\#$。

c. 抖头茶做好标识，一般采用旋切、降级及下批投料方法处置。

4. 初风

【操作规程】

a. 根据茶叶级别、筛号，由技术人员掌握调节分量、下茶角及隔板高低，不允许操作工调整。

b. 及时标明正茶、副茶标识。

c. 分好各筛号的正口、子口、次子口、轻口茶，整齐堆码。

d. 正口茶称作：本 4A、本 4B，本 5A、本 5B，本 6A、本 6B，本 8A、本 8B。

【技术要求】

初步分出茶叶级别，区分老嫩，并扇去绿片、绿筋及毛衣等轻飘的茶叶和比重轻的夹杂物。

5. 撩筛、复抖、复扇

【操作规程】

一般用于外形较差的 4、5 孔茶，别的茶号少用；筛网配备以技术员的要求确定，其他操作同抖筛、平圆及风选。

【技术要求】

a. 撩去4、5孔茶中较长的茶条及长曲筋梗，使4、5孔茶匀齐度符合标准要求。

b. 撩头旋切后，进平圆—抖筛—风选工序，技术员定级。

6. 机拣

【操作规程】

a. 观察茶梗情况，调整好理茶板与丝杆间距，头道宽，以取长梗为主，二、三道依次减窄，尽量使茶叶不含茶梗。

b. 保持适当下茶量，以均匀分布拣梗槽板，并成直行排序下茶为宜。

c. 分别装好茶叶及茶梗，并按技术员要求标识或标明处置。

【技术要求】

使茶内不含长于茶的梗，梗内不含短于梗的茶。

7. 长抖筛（整理组）

【操作规程】

a. 用于处理4、5、6、8孔子口茶。

b. 筛网配备以技术员的要求确定。

c. 保持适度流量，使茶叶均匀分布于筛面，勤刮筛片，确保筛网畅通。

【技术要求】

分出子口茶中的好茶，提高正茶率，充分利用原料价值。

8. 风选、复扇（整理组）

【操作规程】

a. 整理风选后的正茶称作：轻4、轻5、轻6、轻8、轻10。

b. 确定需要复扇的茶，以及采取的方法；根据茶叶品质调整风量、隔板及下茶角；参照标准样，按质取料，采取剖扇、清扇、清风等不同方法，逐次、逐级反复风选，使茶叶符合相应级别品质要求。

c. 及时、准确标识茶叶级别，以待拖运。

【技术要求】

最后扇除各筛号茶内的轻质茶、茶片及夹杂物，提高成品茶净度，使茶叶符合标准样的要求。

9. 色选

【操作规程】

a. 确定需要色选的茶号，严格按照色选机操作规程操作，根据茶叶净度调整色选机的电脑程序指令。

b. 做好色选后正茶、茶梗数量统计及记录情况。

【技术要求】

进一步剔除茶梗及杂物，提高筛号茶净度，达到成品茶规格要求。

10. 平圆（整理组）

【操作规程】

a. 820 型平圆机配置四块筛网，技术员掌握筛网配置：$14^\#$ ＋ $24^\#$ ＋ $40^\#$ ＋ $60^\#$，筛网的孔径要根据茶叶质量、机口流量等实际情况及时调整。

b. 分出 $8^\#$、$10^\#$、$12^\#$ 正茶和碎茶及黄末。

c. $8^\#$、$10^\#$、$12^\#$ 正茶和碎茶进行风选。

【技术要求】

使整理后的茶叶能适时、适宜地归入适当类别与级别。

11. 切轧

【操作规程】

a. 根据茶叶级别调节好切茶机的刀片间距及滚筒间距，切茶加压以先松后紧为原则。

b. 保持机器内无杂物，特别是铁性杂物，磁铁每天清理一次，并做好清理记录。

12. 待拼茶拖运码堆

【操作规程】

a. 清理茶叶，认清批次、唛号、级别。

b. 拖运及时，磅码准确，归堆正确。

c. 作好磅码记录，作好归堆标识。

13. 小样拼配

【操作规程】

a. 将每班的交验数归入"黄茶加工批次花色表"中，掌握本批次所有茶叶茶号及准确数量；用随机方法扦取各号头茶样，并保证其代表性；根据号头茶数量按比例拼配小样；对照标准样，检查审评小样，反复调整拼配比例，直到符合标准样。

b. 送小样到质量管理部审验，确认合格；小样合格后，及时写出拼配单，并向拼装组下达拼配通知。

【技术要求】

对照标准样，使小样外形、内质均达到其品质水平。

14. 拼堆装包

【操作规程】

a. 获得拼配通知单，并确认茶叶级别、数量；了解茶叶堆码区域，并确定投茶轮次、搭拼方法，力求按比例均匀投料；严格按照拼配单要求投料，翻仓要均匀，仓口交叉开放，及时清理落地茶；装包过程中随机扦取成品样，确保大样的准确性。

b. 及时清理磁铁上吸附的磁性杂物，并做好记录。

c. 按照规定刷唛、装包、称重、绞包，绞包绳的颜色须符合相关规定，堆码整齐，便于清点，并及时标识。

【技术要求】

确保成品茶品质符合标准样，重量准确，唛号标准、清晰，重量误差符合要求（±0.2%）。

15. 成品检验

【操作规程】

a. 质量管理部负责成品质量检验，扦取每批大样并检验水分、粉末等理化指标，出具检验报告。合格品车间交验入库，不合格品执行不合格品控制程序。

b. 车间送一份大样到生产管理部，便于掌握品质水平合理与否情况，以便安排生产。

【技术要求】

严格执行规定的检验标准与方法，保证被检验产品报告客观、公正和准确。

16. 交验入库

【操作规程】

确认被检产品合格与否，决定接纳入库或退回。清点入库产品清单，核对数量，检查批唛，确保准确无误，开出入库单，交成品库验收。

微博神聊 ⌄

用图文并茂的微信（微博）形式说明"黄毛茶品质与精制加工之间关系"，并将该条微信（微博）发到朋友圈（微博空间）与大家交流。

黄茶品饮

茶叶品质的形成与茶树品种、生长条件、栽培技术、加工工艺等众多因素有关。由于初制工艺的不同，茶鲜叶中的主要化学成分特别是多酚类物质发生不同程度的酶促氧化或非酶氧化，从而形成了六大类风格迥异的茶类。黄茶加工过程中，鲜叶通过杀青，酶的活性钝化，内含的各种化学成分基本上是在没有酶催化的条件下，由于闷黄的湿热或干热作用进行物理和化学变化，从而形成了黄茶的品质特征。黄茶最基本的品质特点是汤色黄和叶底黄。黄茶分为黄芽茶、黄小茶和黄大茶。由于制法不同，所形成的品质特征各异。如黄芽茶是指采摘单芽制成的黄茶。黄芽茶茶芽肥壮多毫，加工精湛，品质超群，为黄茶之最；最有代表的是君山银针和蒙顶黄芽。黄小茶是指以采摘一芽一叶至一芽三叶之间的鲜叶制成的黄茶，色泽黄亮光润，汤色橙黄鲜亮，叶底嫩匀黄亮；最有代表的是伪山毛尖、北港毛尖。黄大茶是指以一芽三四叶的鲜叶制成的黄茶，色泽金黄带褐，汤色深黄，叶底黄中显褐；最有代表的是霍山黄大茶和广东大叶青。

第一讲　品质表征

黄茶品质是指黄茶物理性状和主要是化学成分的具体表现。黄茶是既有绿茶的杀青作用，又有青茶的发酵过程，因此茶叶中保留了两类茶中许多共有和差异性成分，品质特征比较丰富。黄茶是将采摘来的鲜叶先经高温杀青，杀灭了各种氧化酶，保持了茶叶中许多天然成分，然后在干燥前，经过湿热或干热的闷黄轻度发酵作用又丰富了茶叶成分的部分转化，黄汤黄叶是黄茶品质的共同特点。然而种类不同，花色不同，黄茶表现出来的品质特征也差异明显。

一、 黄茶品质与化学成分的关系

1. 黄茶色泽的品质化学形成

叶绿素是茶树叶片呈现绿色的主要物质，加工黄茶以叶绿素含量低的茶树品种为宜，如果叶绿素含量高，会影响干茶和叶底色泽。形成黄茶色泽的主导因素是热化作用。黄茶的杀青温度较绿茶低，杀青采用多闷少抛的手法，以形成高温湿热条件，尽可能地使叶绿素较大程度地得以破坏；而闷黄过程中则进一步创造湿热的环境，使叶绿素因热化而引起大量的氧化降解，从而使绿色减少，黄色显露；然后烘炒，叶绿素进一步转化，形成黄叶黄汤的品质。热化作用贯穿整个黄茶加工过程，使多酚类化合物在湿热作用下发生非酶性自动氧化和异构化，产生的黄色物质是形成黄茶黄汤黄叶的主要物质基础。

2. 黄茶香气的品质化学形成

黄茶加工过程中的强烈湿热作用，使许多参与香气形成的物质发生了相应的变化。湿热作用使多糖水解为单糖、蛋白质水解为氨基酸，从而为黄茶香气品质的形成奠定了物质基础。在黄茶干燥过程中，氨基酸由于热的作用而转化形成挥发性醛类物质，是构成黄茶香气的重要成分。另外，由于热的作用，使糖类与氨基酸、多酚类等化合物作用形成芳香物质；还有一些低沸点芳香成分在高温下挥发散失，而另一部分则发生异构化转变为清香型香气成分，高沸点芳香物质则由于高温作用而显露出来。这些香气成分对黄茶香气品质的形成具有重要意义。

3. 黄茶滋味的品质化学形成

在闷黄等湿热作用下，原料中的酚类及儿茶素含量发生变化，它们都有较大程度的损失。儿茶素组分在闷黄过程中的变化量较大，特别是酯型儿茶素。多酚类的自动氧化将形成一定数量的氧化产物，而具有较强收敛性及苦涩味的酯型儿茶素的减少和爽口的茶黄素的产生，是黄茶醇爽不涩滋味形成的主要原因。黄茶干燥前期的湿热作用及后期的干热作用，为酯型儿茶素的进一步水解和异构化创造了条件，这些变化将增进黄茶的醇和味感。氨基酸是构成茶汤滋味特别是鲜爽味的物质基础，在茶叶闷黄过程中，湿热作用使蛋白质水解形成游离氨基酸，从而氨基酸含量增加，但随着时间的延长，温度的升高，氨基酸产生一系列热化学反应如水解、缩合、脱羧和氧化等，导致闷黄后期氨基酸含量降低。酚氨比能反映出滋味品质的好坏，高级茶比值低，低级茶比值高，两者含量都高而比值低者其滋味具有浓而鲜爽的特点。黄茶在闷黄适度时，酚氨比值小而两者含量较高，形成黄茶的良好滋味。在湿热作用下，淀粉水解为具有甜味的可溶性单糖，茶汤中的苦味成分咖啡碱的含量减少，这些有利于黄茶醇厚滋味的形成。

二、 茶树品种与黄茶品质的关系

不同的茶树品种特性是影响黄茶品质的因素之一。茶多酚和叶绿素含量高的品种不宜做黄茶。在茶树品种选择时，不能仅凭茶树的形态解剖和理化特征，还要结合当地的茶树栽培技术和气候特点。不同的黄茶产品类型，对品种的要求也不同。目前针对黄茶品种适制性的研究较少，传统理论认为酚氨比值较小的茶树品种适宜制作黄茶，茶多酚类不仅决定着黄茶由外到内的色泽，甚至影响茶叶香气、滋味。茶树品种有较高含量的氨基酸和茶多酚，是较适合加工黄茶的，同时，酚氨比低的滋味更鲜浓纯爽，在茶树品种选择时，应重点考虑上述指标。研究发现，大叶种（黔湄601）含茶多酚较多，闷黄过程中氧化不充分，成品茶滋味较涩；而黔湄 303、湄潭苔茶的叶肉薄、茸毛少，成品茶毫少不显，滋味平和，香气不鲜，叶底发暗；福鼎最适宜制作海马宫茶。在高档黄茶适制品种筛选研究中得出，尖波黄在外形方面存在芽色偏黄的优势，内质方面酚氨比值相对较小，是比较适合加工毛尖黄茶的品种；各品种在不同季节加工毛尖黄茶品质差异较大，春季品质显优于秋季品质，要做出高档的黄茶要采用春季的优质原料。

三、　加工工艺与黄茶品质的关系

1. 杀青工序

对山东黄茶加工工艺研究发现，未经摊放处理的黄茶黄变不充分，香气较低，有涩味，而经摊放处理的黄茶色泽、香气、滋味均较好。广东大叶青在杀青前进行轻萎调，对形成大叶青香气纯正、滋味浓醇回甜的品质风味具有明显作用。已有研究表明：摊放过程增加了氨基酸、茶多酚和水浸出物含量，有效降低了酚氨比值，使茶汤滋味醇和爽口，因此摊放有利于形成黄茶香气高、滋味醇的品质特点。鲜叶通过高温杀青，破坏茶鲜叶中酶的活性，制止茶叶中多酚类物质氧化，以防止叶子变红；同时蒸发叶内的部分水分，使叶子变软，散发青草气，为茶叶做形创造条件，对黄茶香味形成具有重要作用。杀青过程中，由于高温和热化学作用，多酚类发生自动氧化和异构化，淀粉水解为单糖、蛋白质水解为氨基酸等，为黄茶浓醇滋味和黄色色泽形成奠定基础。从鲜叶到初闷，茶叶经过高温杀青，叶绿素含量急剧减少；在加工后期，叶温较低，叶绿素含量减少缓慢。在研究黄大茶制造中叶绿素含量变化时发现，叶绿素总量中有 60% 受到破坏，其中杀青过程破坏最多，减少超过 15%。叶绿素水解后生成叶绿酸、植醇等化合物进入茶汤，影响茶汤颜色；脱镁后形成脱镁叶绿素，呈褐色，影响茶叶色泽。

2. 闷黄工序

闷黄工序对黄茶的黄汤、黄叶及醇厚鲜爽滋味品质的形成至关重要。研究发现，随着闷黄时间的延长，干茶色泽绿色减退，黄色显露，闷黄至 5h 后，汤色由黄绿变成浅黄明亮，滋味鲜醇爽口，略带清香。黄茶与绿茶中氨基酸含量差异不明显，组分以茶氨酸、谷氨酸最多，闷黄过程对氨基酸总量影响不大。研究发现，氨基酸的含量则先平稳上升然后下降，儿茶素总量变化也有相同的趋势，与同级别的绿茶相比，儿茶素总量略低于绿茶，但儿茶素组分差别很大，EGCG 和 ECG 总量比绿茶低 9.4%，证实了闷黄工艺有利于减少酯型儿茶素的含量，并且，氨基酸含量略高于绿茶，因而酚氨比小于绿茶，滋味更醇和。黄茶中水溶性多酚类化合物含量与红茶、绿茶相比，低于绿茶而高于红茶，黄茶的氧化程度不及红茶，而比绿茶要深。水浸出物在闷黄过程中明显降低，闷黄 6h 后在制品的水浸出物只为杀青叶的 88.6%；可溶性蛋白质在闷黄过程缓慢下降；具有甜味的可溶性糖在闷黄中略有增加；一些水溶性色素如花黄素类、花青素类也发生了一定变化，湿热作用使其部分水解氧化及非酶性自动氧化，生成少量的茶黄素。在黄茶加工中咖啡碱的化学性质比较稳定，闷黄中其总量变化很小，增减幅度在 2%~6% 之间。

3. 干燥工序

闷黄后的叶子，在较低温度下烘炒，以便水分缓慢蒸发，干燥均匀，并使多酚类自动氧化，叶绿素以及其他物质在热化学作用下缓慢地转化，促进黄汤黄叶进一步形成。然后用较高温度烘炒，固定已形成的黄茶品质，同时在干热作用下，酯型儿茶素受热分解，糖转化为焦糖香，氨基酸转化为醛类物质，低沸点的青叶醇大量挥发，残余部分发生异构化，转化为清香物质，同时高沸点的芳香物质香气显露，构成黄茶浓郁的香气和浓醇的滋味。研究发现，扁形茶中氨基酸和可溶性糖的含量高于其他名茶，低温做形有利于蛋白质水解成氨基酸，高温做形茶多酚含量高。同时，实验也表明，随着增香温度的升高和时间的延长，叶绿素呈下降趋势。

第二讲　名茶茗品

一、　名优茶推介

1. 君山银针

原产地为湖南省洞庭湖君山，发展地为岳阳市。君山又名洞庭山，为洞庭湖中岛屿。岛上土壤肥沃，气候湿润，春夏季湖水蒸发，云雾弥漫，岛上树木丛生，自然环境适宜茶树生长。君山产茶始于唐代，清代列入贡茶。1956 年君山银针参加了德国莱比锡博览会，获得"金镶玉"的美称和金质奖章。早在 20 世纪 50 年代即被茶叶界公认为中国十大名茶之一。君山银针全由未展开的肥嫩芽头制成，外形芽头肥壮挺直，匀齐，满披茸毛，色泽金黄光亮，因茶芽外形像一根根银针，故名君山银针。内质香气清鲜，汤色浅黄，滋味甜爽，冲泡后芽尖冲向水面，悬空竖立，继而徐徐下沉杯底，如群笋出土，似金枪直立，汤色茶影，交相辉映，极为美观，形成"三起三落"的景观。见彩图 1。

2. 蒙顶黄芽

产于四川名山县的蒙山。蒙顶山区气候温和，年平均温度 14～15℃，年平均降水量 2000mm 左右，阴雨天较多，年日照量仅 1000h 左右，一年中雾日多达 280～300d。蒙山冬无严寒，夏无酷暑，四季分明，雨量充沛，茶园土层深厚，pH 值 4.5～5.6，蒙山上有天幕（云雾）覆盖，下有精气（沃壤）滋养，是茶树生长的好地方。蒙顶黄芽外形扁直，芽条匀整，色泽嫩黄，芽毫显露，甜香浓郁，汤色黄亮透碧，滋味鲜醇回甘，叶底全芽嫩黄。见彩图 2。

3. 莫干黄芽

产于浙江省德清县的莫干山。莫干山是闻明遐迩的避暑胜地，被誉为"清凉世界"。莫干山产茶历史悠久，相传在晋代佛教盛行时就有僧侣上山结庐种茶，唐代陆羽在《茶经》中叶给予了该地茶很高评价。莫干山群峰环抱，竹木交荫，山泉秀丽，常温为 21℃，夏季最高气温为 28.7℃；常年云雾笼罩，空气湿润；土质多酸性灰、黄壤，土层深厚，腐殖质丰富，松软肥沃。茶叶生产基地除原有的塔山茶园外，尚有望月亭下的青草堂、屋脊头、荫山洞一带。莫干黄芽外形紧细，匀齐，略勾曲，芽状毫显，色泽嫩黄油润；内质香气嫩香持久，汤色橙黄明亮，滋味醇爽可口，叶底嫩黄成朵，属莫干云雾茶的上品。见彩图 3。

4. 霍山黄芽

霍山黄芽产于安徽省霍山县佛子岭水库上游的大化坪、姚家畈、太阳河一带，其中以大化坪的金鸡山、金山头、太阳的金竹坪、姚家畈的乌米尖，即"三金一乌"所产的黄芽品质最佳，为中国名茶之一。唐朝李肇《国史补》把黄芽列为 14 品目贡品名茶之一。自唐至清，霍山黄芽历代都被列为贡茶。2007 年"霍山黄芽"被国家质检批准为地理标志保护产品，2010 年霍山黄大茶获中国地理标志产品称号。霍山黄芽外形条直微展，匀齐成朵、形似雀舌、嫩绿披毫，香气清香持久，滋味鲜醇浓厚回甘，汤色黄绿，清澈明亮，叶底嫩黄明亮。见彩图 4。

5. 平阳黄汤

平阳黄汤产于浙江省南雁荡山及飞云江两岸的平阳、苍南、泰顺、瑞安、永嘉等地。品质以平阳北港（南雁荡山区）和泰顺东溪所产为最好，因处于温州地区，过去也称温州黄汤，以平阳产量最多，质量较好，故称平阳黄汤。平阳黄汤始于清代乾隆、嘉庆年间，已有 200 多年的历史。高级黄汤多以素茶供应上市，普通黄汤茶大多窨制成茉莉花茶，故又称"花黄汤"。平阳黄汤外形条索紧结匀整，锋毫显露，色泽嫩黄油润；内质香高持久，汤色橙黄明亮，滋味醇和鲜爽，叶底匀整黄明亮，芽叶成朵。见彩图 5。

6. 沩山毛尖

沩山毛尖产于湖南省宁乡县西的沩山，与老茶区安化县接壤。沩山乡系大沩山上的一个天然盆地，地势高峻，群峰环抱。这里年平均降水量为 1800～1900mm，年平均气温高达 15℃，年相对湿度 80%以上，全年日照 2400 多小时。高山茶园土壤属黑色砂壤土，土层深厚，腐殖质含量丰富。相传创于唐代，距今一千余年。沩山毛尖颇受边疆人民喜爱，被视为礼茶之珍品。沩山毛尖外形叶缘微卷成条块状，色泽嫩黄油润，身披白毫；内质香气有浓厚的松烟香，汤色杏黄明亮，滋味甜醇爽口；叶底芽叶肥厚，黄亮嫩匀。见彩图 6。

7. 远安鹿苑

远安鹿苑茶别称鹿苑茶、鹿苑毛尖，属条形黄茶，因产于湖北省远安县鹿苑寺一带而得名。唐代陆羽《茶经》记载："该茶起初为鹿苑寺僧在寺侧栽植，后村民见茶香味浓，遂有发展。"清乾隆年间列为"贡茶"。曾多次被湖北省、商业部评为省及全国名茶。鹿苑寺山清水秀，景色宜人，气候温和，雨量充沛。土壤由红砂岩风化，肥沃疏松，酸度适宜。远安鹿苑茶外形色泽金黄，略带鱼子泡，锋毫显露，条索环状（环子脚）；内质汤色绿黄明亮，清香持久，有熟板栗香，味醇厚甘凉，叶底嫩黄匀整。见彩图 7。

8. 北港毛尖

北港毛尖产于岳阳县康王乡的北港。北港发源于梅溪、建设、黄金，全长 2 公里多，因位于康王南港北面而得名。唐代称"邕〔yōng〕湖茶"，属黄茶类。北港和淄湖为北港毛尖提供了得天独厚的自然环境，气候温和，雨量充沛。每逢初春清晨，湖面蒸气冉冉上升，在低空缭绕，经微风吹拂，如轻纱薄雾尽散于北岸的茶园上空。

北港毛尖外形呈金黄色，毫尖显露；内质汤色橙黄，香气清高，滋味醇厚，叶底芽壮叶肥。见彩图 8。

9. 皖西黄大茶

皖西黄大茶产于安徽省西部大别山区的霍山、金寨、六安、岳西及湖北省英山等地，其中以霍山县佛子岭水库上游大化坪、漫水河及诸佛庵等地所产的黄大茶品质最佳。这里海拔高度在 300m 以上，山高雨雾多，雨量充沛，空气湿度大，漫射光足，土壤疏松，土质肥沃，pH 值 5.4 左右，适合茶树生长。皖西黄大茶起源于明代，创制于隆庆年间，距今有四百多年。皖西黄大茶外形叶大梗长，叶片成条，梗叶相连似钓鱼钩，色泽金黄显褐，油润；内质香气有突出的高爽焦香，似锅巴香，汤色深黄明亮，滋味浓厚醇和，耐冲泡，叶底黄亮显褐。见彩图 9。

10. 广东大叶青

大叶青茶是广东的特产，主要产区位于广东韶关、肇庆、湛江等县市、属于黄茶，是黄大茶的代表品种之一。广东地处南方，北回归线从省中部穿过，五岭又屏障北缘，属亚热带、热带气候，温热多雨，年平均温度大都在 22℃ 以上，年降水量 1500mm，甚至更多。茶园多分布在山地和低山丘陵，土质多为红壤，透水性好，非常适宜茶树生长。广东大叶青茶外形条索肥壮，身骨重实，老嫩均匀，叶张完整，芽毫明显，色泽青润带黄或青褐色；内质香气纯正，汤色深黄明亮，滋味浓醇回甘，叶底浅黄色，芽叶完整。见彩图 10。

二、 黄茶品饮常规方法

黄茶品饮通常有三种方式，第一种方式为玻璃杯品饮，该方法比较适用于冲泡比较细嫩名贵高端的黄茶，除了品茶之外同时还便于观赏的茶的变化过程，给泡茶的过程中添加了些趣味。第二种方式为瓷杯品饮，该方法瓷杯保留了茶叶大部分的香气，更多用于办公及接待时候比较方便冲泡。第三种方式为壶泡品饮，该方式用的黄茶一般都是比较中低档次的茶叶，因为高端的黄茶比较细嫩，含水量多，不宜降温，容易焖熟掉，容易失去原本的清香味。沏泡黄茶不要让茶久泡，而是要如同沏泡工夫茶一样，沏泡后马上把茶汤从沏泡茶具中倒入专门喝茶用的茶杯享用，否则，再好的茶叶都泡坏了味道。品尝茶汤滋味，宜小口品啜，缓慢吞咽，让茶汤与舌头味蕾充分接触，细细领略黄茶的风韵。品饮黄茶一般有如下过程。

1. 观色

观色主要是观察茶汤的颜色和茶叶的形态。茶叶冲泡后，形状发生变化，几乎恢复到自然状态，汤色也由浅转深，晶莹清澈。且各类茶叶各具特色，即使同类茶叶也有不同的颜色。饮用之前，先将茶汤审视一番，好好欣赏一下，是懂得品茶的表现，切勿接过茶杯，未加观察就一口喝下，被人讥为牛饮。

2. 闻香

观色之后，就要嗅闻茶汤散发出来的香气。好茶的香气是自然、纯正的，闻之沁人心脾，令人陶醉。低劣的茶叶一般香气不高，不够纯正，有的还有股烟焦味和黄焖味，甚至夹杂异味。茶叶的香气是由多种芳香物质综合组成的，由于种类及数量的不同而形成各种茶类的香气特征。嗅闻茶香须细心品尝，认真辨认，方能领略其中的韵味。

3. 辨形

辨形是观察茶叶在冲泡后的形状变化，茶经水浸泡后逐渐恢复了鲜叶的原始形状，一些原料细嫩的名优茶，芽叶在茶汤中亭亭玉立，婀娜多姿，有的茶冲泡后，芽叶在杯中沉浮起降，上下翻滚，煞是好看。

4. 品味

嗅闻茶汤的香气之后，就可品尝茶汤的滋味。与茶的香气一样，茶的滋味也是非常复杂多样，初入口后，很快就舌底生津，韵味无穷，这是茶叶的化学元素刺激口腔各部位感觉器官的作用。舌头各部位的味蕾的感受不一样，如舌尖最易为甜味所兴奋，舌的两侧前部最易感觉咸味，两侧后部易感受酸味，舌心对鲜味最敏感，舌头近根部位易辨别苦味。所以，茶汤入口后，不要立即下咽，而要在口腔中停留，使各部位充分感受到茶中的甜、酸、鲜、苦、涩五味，才能充分欣赏茶汤的美妙滋味。不同的茶类有不同的滋味，如有的浓烈，有的清和，有的鲜爽，有的醇厚，都会给人带来不同的感受。

第三讲　识茶选茶

一、 茶叶中的四类成分

1. 茶叶的产量成分

产量成分是指产量构成物质。茶叶中含量最高的成分分别是蛋白质、糖类、茶多酚和脂类，这 4 种成分加起来含量超过了 90％。其中茶叶中三大自然物质含量依次是蛋白质（20％～30％）、糖类（20％～25％）、脂类（8％），另外一个含量较高的多酚类物质所占比例为 18％～36％。

2. 茶叶的品质成分

对于茶叶而言，品质就是色、香、味。茶叶品质好坏主要是看其品质成分比例是不是协调。茶叶的色泽、香气、滋味等不同内质由不同的化学成分决定。左右茶叶色的成分为色素（叶绿素、胡萝卜素）、酚类，约 1％；左右茶叶香的成分为芳香物质（鲜叶中 87 种、红茶 400 多种），为 0.005％～0.03％；左右茶叶味的成分较为复杂，通常有多酚类、氨基酸、咖啡因、糖。

3. 茶叶的营养成分

七大食品营养素分别是蛋白质、脂肪、碳水化合物、维生素、矿物质、微量元素、水和植物性化合物。茶叶中含有人体必需的五类营养素（44 种）。

　　A. 必需氨基酸 8 种：缬氨酸、异亮氨酸、亮氨酸、苯丙氨酸、色氨酸、蛋氨酸、苏氨酸、赖氨酸。

　　B. 必需脂肪酸 1 种：亚油酸。

　　C. 维生素 13 种：

　　脂溶性 4 种：维生素 A、维生素 D、维生素 E、维生素 K；

　　水溶性 9 种：维生素 B_1、维生素 B_2、维生素 B_5、维生素 B_6、维生素 B_{11}、维生素 B_{12}、叶酸、生物素、维生素 C 等。

　　D. 无机盐：

　　常量元素 7 种：Ca、P、Mg、K、Na、Cl、S；

　　微量元素 14 种：Fe、Cu、Zn、Mn、Mo、Ni、Sn、I、Cr、Se、Si、F、V 等。

　　E. 水。

4. 功效成分

　　喝茶最主要目的并不是为了维持生命，也不是为了补充营养，主要是获取茶叶里面的功效成分。功效成分是指其可通过激活体内酶的活性或者其他途径调节人们身体机能，故喝茶的主要目的是为了促进身体健康，让人们不生病、少生病，或者调整已经生病的身体，这是人们喝茶最重要的目的。

二、 正确识茶

1. 四大茶区

　　我国茶区分布辽阔，东起台湾省东部海岸，西至西藏自治区易贡，南自海南岛榆林，北到山东省荣成县，共有 21 个省（区、市）967 个县、市生产茶叶。按区域全国可分四大茶区：即江南茶区、华南茶区、西南茶区和江北茶区。

江南茶区位于中国长江中、下游南部，包括浙江、湖南、江西等省和皖南、苏南、鄂南等地，为中国茶叶主要产区，年产量大约占全国总产量的 2/3。生产的主要茶类有绿茶、红茶、黑茶、花茶以及品质各异的特种名茶，诸如西湖龙井、天目青顶、黄山毛峰、洞庭碧螺春、君山银针、庐山云雾等。

华南茶区位于中国南部，包括广东、广西、福建、台湾、海南等省（区），为中国最适宜茶树生长的地区。茶资源极为丰富，生产红茶、乌龙茶、花茶、白茶和六堡茶等，所产大叶种红碎茶，茶汤浓度较大。

西南茶区位于中国西南部，包括云南、贵州、四川三省以及西藏东南部，是中国最古老的茶区。茶树品种资源丰富，生产红茶、绿茶、沱茶、紧压茶和普洱茶等，是中国发展大叶种红碎茶的主要基地之一。

江北茶区位于长江中、下游北岸，包括河南、陕西、甘肃、山东等省和皖北、苏北、鄂北等地。江北茶区主要生产绿茶。

2. 春、夏、秋茶分界

春茶、夏茶与秋茶的划分，主要是依据季节变化和茶树新梢生长的间歇而定的。江北茶区茶叶采制期为 5 月上旬至 9 月下旬，江南茶区茶叶采制期为 3 月下旬至 10 月中旬，西南茶区菜叶采制期限为 1 月下旬至 12 月上旬。除华南茶区少数地区外，绝大部分产茶地区的茶树生长和茶叶采制是有季节性的。有的以节气分：清明至小满为春茶，小满至小暑为夏茶，小暑至塞露为秋茶；有的以时间分：5 月底以前采制的为春茶，6 月初至 7 月上旬采制的为夏茶，7 月中旬以后采制的为秋茶。

春茶。春季气温适中，雨量充沛，加上茶树经上一年秋冬季较长时期的休养生息，体内营养成分丰富。总体来说春茶芽中肥壮，色泽嫩黄，叶质柔软，白毫显露，有芬芳平和的味道。与提高茶叶品质有关的成分，如氨基酸和维生素含量较丰富，使得春茶的滋味更为鲜爽，香气更加强烈，保健作用更为明显。春茶期间一般无病虫危害，无需使用农药，茶叶无污染。因此，早期的春茶往往是一年中绿茶品质最佳的。

夏茶。由于采制时正逢炎热季节，虽然茶树新梢生长迅速，有

"茶到立夏一夜粗"之说，但很容易老化。茶叶中的氨基酸、维生素的含量明显减少，使得夏茶中花青素、咖啡碱、茶多酚含量明显增加，从而使滋味显得苦涩。

秋茶。品质介于春夏茶之间，在夏茶后期，气候虽较为温和，雨量不足，会使采制而成的茶叶显得较为枯老。特别是茶树历经春茶和夏茶的采收，体内营养有所亏缺，因此采制而成的茶叶内含物质显得贫乏。在这种情况下，不但茶叶滋味淡薄，而且香气欠高，叶色较黄。

三、 合理选茶

1. 关注质量

优质安全，食品市场准入标志：QS 认证。

符合食品安全的茶叶标志：无公害认证、绿色食品认证、有机茶认证、原产地论证等。茶叶相关质量体系标准标识见彩图 11。

"QS"是一个质量标志，是由"质量安全"的英文（Quality Safety）字头组成，其主要作用有 3 个方面：一是表明该产品取得了食品生产许可证；二是表明该产品经过了出厂检验；三是企业明示该产品符合食品质量安全基本要求。

"QS"制度也是食品质量安全市场准入制度的简称，国家质检总局自 2002 年下半年开始，对与人民群众生活密切相关的食品，以及存在较严重的质量安全问题的食品分期分批实施食品质量安全市场准入制度。目前已有 28 类食品实施这项制度，由国家质检总局以《食品质量安全监督管理重点产品目录》的方式公布。食品生产加工企业凡是生产属于"目录"内的产品，在出厂销售之前，必须加贴或加印食品市场准入标志，没有食品市场准入标志的食品不得出厂销售。QS 制度食品分类共有 28 大类，其中第 14 类为茶叶及相关制品。

中国茶叶目前存在的主要质量问题有以下几方面：部分产品感官品质不合格（以次充好，以假充真）；少数产品铅、稀土和氟含量超标；少数产品农药残留超标；添加非茶类物质现象时有发生（着色剂、滑石粉、糯米粉、白糖、香精）。我国茶叶产品质量 20 年回顾研究表明：20 世纪 90 年代，茶叶产品质量徘徊不前，总体质量较差。21 世纪以来，茶叶产品质量稳步提升，质量已经不断提高，人们可以大胆放心喝茶！

2. 选购方法

确定自己欲购的茶类后，究竟怎样区分各种茶的花色、等级及另外一些品质指标呢？一般先从特色、价格等方面考虑，通过感观辨别进行判别。利用感官评茶，干看茶叶（外形）：造型、色泽、嫩度、整碎、净度；湿看茶叶（开汤）：闻香、尝味、叶底。

一摸。以手触摸，可判别茶的干燥程度。选一茶条，以手轻折易断，断片放在拇指与食指之间用力一研即成粉末，则干燥程度是足够的；若为小碎粒，则干燥度不足，即使购买，也需事后加以处理，否则茶的品质不易保存。

二看。将茶放入样盘中（若无，可以白纸代替），双手持盘顺或逆时针旋转摇动，看干茶：外形——是否具该花色的特色；色泽——鲜明；匀净度——均匀，无杂物；整碎度——完整，少断碎。

三嗅。嗅闻干茶的香气：高低——浓淡；香型——清香、甜香、花果香；纯异——辨别有否烟、焦、酸、馊、霉等劣变气味和各种夹杂的气味。

四尝。当干茶的含水量、外形、色泽、香气均符合要求后，取数条干茶放入口中含嚼辨味，根据味感进一步了解茶的内质优劣，但这一点需有审评的基本功方能做到。

五泡。茶叶内质的评鉴：取一撮干茶（3～4g）置茶杯中，冲入沸水 150～200mL，名绿茶不必加盖，其他茶均需加盖，3min 后将茶汤倒入另一杯或碗中，嗅香气，看汤色，尝滋味，观看和触摸叶底。

3. 春、夏、秋茶的品质

干看色、香、形三个因子。绿茶色泽绿润，红茶色泽乌润，茶叶肥壮重实，或有较多白毫，且红茶、绿茶条索紧结，而且香气馥郁，是春茶的品质特征。绿茶色泽灰暗，红茶色泽红润，茶叶大小不一，叶红轻薄瘦小，香气较为平和，是秋茶的标志。

湿看开汤审评。凡冲泡后下沉快，香气浓烈持久，滋味醇；绿茶汤色绿中显黄，红茶汤色艳现金圈；叶底柔软厚实，正常芽叶多者，为春茶。凡冲泡后，下沉较慢，香气稍低；绿茶滋味欠厚稍涩，汤色青绿，叶底中夹杂铜绿色芽叶；红茶滋味较强欠爽，汤色红暗，叶底较红亮；叶底薄而较硬，对夹叶较多者，为夏茶。凡冲泡后香气不高，滋味平淡，叶底夹有铜绿色芽叶，叶张大小不一，对夹叶多者，为秋茶。

4. 了解茶叶的贮藏保鲜

造成茶叶变质、变味、陈化的主要因素是温度、水分、氧气及光线。温度愈高茶叶品质变化愈快，平均每升高 $10℃$，茶叶色泽褐变速度将增加 $3 \sim 5$ 倍。如果将茶叶储存在 $0℃$ 以下的地方，较能抑制茶叶的陈化和品质的损失。茶叶的水分含量在 3% 左右时，茶叶成分与水分子呈单层分子关系，可以较有效地将脂质与空气中的氧分子隔开，阻止脂质的氧化变质。当茶叶的水分含量超过 6% 时，水分就会转而起溶剂作用，引起激烈的化学变化，加速茶叶的变质。茶中多酚类化合物的氧化、维生素 C 的氧化，以及茶黄素、茶红素的氧化聚合，都和氧气有关，这些氧化作用会产生陈味物质，严重破坏茶叶的品质。光线的照射加速了各种化学反应的进行，对储存茶叶有极为不利的影响。光能促进植物色素或脂质的氧化，特别是叶绿素易受光的照射而褪色，其中紫外线最为显著。

因此，茶叶在贮藏时应注意：密封，避光，防串味。常用的贮藏法：①专用冷藏库冷藏法，库内相对湿度控制在 65% 以下，温度 $4 \sim 10℃$ 为宜。②真空和抽气充氮贮藏。③除氧剂除氧保鲜法。④家庭用贮藏保鲜方法有冰箱冷藏法、石灰缸/坛贮藏法、硅胶法、炭贮法。

第四讲 科学饮茶

陆羽："水为茶之母，器为茶之父。""山水上，江水其次，井水较差。"明张大复《梅花草堂笔谈》："茶性必发于水，八分之茶，遇十分之水，茶亦十分；八分之水，试十分之茶，茶只八分。"温度：《茶疏》中说泡茶烧水，需大火急沸，不要文火慢煮。可见，饮茶要讲究科学性。

一、 正确泡茶

（一）备器

选择泡茶的器具，一要看场合，二要看人数，三要看茶叶。优质茶具冲泡上等名茶，两者相得益彰，使人在品茗中得到美好的享受。如名优绿茶应选用无花、无色的透明玻璃杯，既适合于冲泡绿茶所需的温度，又能欣赏到绿茶汤色及芽叶变化的过程；青茶则选用质朴典雅的紫砂壶；红茶则选用能够保温留香的青花瓷盖碗，能使红茶的汤色清晰。茶具的选择也与茶叶品质有关，如外形一般的中档绿茶就要选择瓷壶冲泡了。泡饮用器要洁净完整，选择时应注意色彩的搭配和质地的选择，且整套茶具要和谐。

茶具的摆放要布局合理，实用，美观，注重层次感，有线条的变化。摆放茶具的过程要有序，左右要平衡，尽量不要有遮挡。如果有遮挡，则要按由低到高的顺序摆放，将低矮的茶具放在客人视线的最前方。为了表达对客人的尊重，壶嘴不能对着客人，而茶具上的图案要正向客人，摆放整齐。

1. 主泡器

（1）茶壶　用以泡茶的器具。壶由壶盖、壶身、壶底和圈足四部分组成。壶盖有孔、钮、座等细部。壶身有口、延（唇墙）、嘴、流、腹、肩、把（柄、板）等细部。由于壶的把、盖、底、形的细微部分的不同，壶的基本形态就有近 200 种。以把划分：侧提壶、提梁壶、飞天壶、握把壶及无把壶。以盖划分：压盖、嵌盖及截盖。以底划分：捺底、钉足及加底。以有无滤胆分：普通壶、滤壶。以形状分：筋纹形、几何形、仿生形及书画形。一把茶壶是否适用，取决于用之置茶、泡茶、斟茶（倒茶）、清洗、置放等方面操作的便利程度及茶水有无滴漏。首先，纵观整体，一则壶嘴、壶口与壶把顶部应呈"三平"，或虽突破"三平"，但仍不失稳重，唯把顶略高；二则对侧把壶而言，壶把提拿时重心垂直线所成角度应小于 45°，易于掌握重心；三则出水流畅，不漏水，壶嘴可断水，无余水沿壶壁外流滴落。

（2）茶船　放茶壶的垫底茶具。既可增加美观，又可防止茶壶烫伤桌面。有盘状、碗状及夹层状。茶船除防止茶壶烫伤桌面、冲泡水溅到桌面外，有时还作为"温壶"、"淋壶"时蓄水用，观看叶底用，盛放茶渣和涮壶水用，并可以增加美观。选择时应注意：碗状优于盘状，而有夹层者更优于碗状；茶船围沿要大于壶体的最宽处，应与茶壶比例协调；茶船应与茶壶的造型、色泽、风格一致，起到和谐的效果。

（3）公道杯　亦称茶盅、茶海，用于均匀茶汤浓度。有壶形盅、无把盅及简式盅，茶盅除具均匀茶汤浓度功能外，最好还具滤渣功能。选择时应注意：盅与壶搭配使用，故最好选择与壶呼应的盅，有时虽可用不同的造型与色彩，但须把握整体的协调感；盅的容量一般与壶同即可，有时亦可将其容量扩大到壶的 1.5～2.0 倍，在客人多时，可泡两次或三次茶混合后供一道茶饮用；在盅的水孔外加盖一片高密度的金属滤网即可滤去茶汤中的细茶末；盅为均分茶汤用具，在挑选时要特别留意，断水好坏全在于嘴的形状，以注水试用为佳。

（4）茶杯　盛放泡好的茶汤并饮用的器具。有翻口杯、敞口杯、直口杯、收口杯、把杯及盖杯。茶杯的功能是用于饮茶，要求持拿不烫手，啜饮又方便。杯的造型丰富多样，其料用感觉亦不尽相同，选择时应注意：杯口需平整，通常翻口杯比直口杯和收口杯更易于拿取，且不易烫手；盏形杯不必抬头即可饮尽茶汤，直口杯抬头方可饮尽，而收口杯则须仰头才能饮尽；杯底要平整；大小与茶壶匹配，小壶配以容水量在 20～50ml 的小杯，大茶壶配以容量 100～150ml 的大杯；杯外侧色泽应与壶的色泽一致，内侧的颜色宜选用白色内壁；在唐代一般均以单数配备杯子，现代则单、双数均可。在购买成套茶具时，可在壶中盛满水，再一一注入杯子，即可测知是否相配。

（5）闻香杯　茶汤倒入品茗杯后，闻嗅留在杯里的香气之器具。

（6）杯托　茶杯的垫底器具。有盘形、碗形、高脚形及圈形等。杯托是承载茶杯的器具，杯托的要求必须是易取、稳妥和不粘合杯。选择时应注意：托沿离桌面的高度至少为 1.5cm，以便轻巧地将杯托端起，即使是盘式的杯托，也应有一定高度的圈足；杯托中心应呈凹形圆，大小正好与杯底圈足相吻合；托沿和托底均应平整；饮茶时，除盖碗常连托端起外，一般仅持杯啜饮。

（7）盖置　放置壶盖、盅盖、杯盖的器物，保持盖子清洁。有托垫式、支撑式等。盖置的功用是保持壶盖的清洁，并防止盖上的水滴在桌上，要有集水功能。

（8）茶碗　泡茶器具，或盛放茶汤作饮用工具。有圆底、尖底等形。

（9）大茶杯　泡饮合用器具。多为长筒形，有把或无把，有盖或无盖。

（10）同心杯　大茶杯中有一只滤胆，将茶渣分离出来。

（11）冲泡盅　用以冲泡茶叶的杯状物，盅口留一缺口为出水口，或杯盖连接一滤网，中轴可以上下提压如活塞状，既可使冲泡的茶汤均匀，又可以使渣与茶汤分开。

2. 备水器

（1）净水器　安装在取水管道口用于纯净水质，应按泡茶用水量和水质要求选择相应的净水器，可配备一至数只。

（2）贮水缸　利用天然水源或无净水设备时，贮放泡茶用水，起澄清和挥发氯气作用，应特别注意保持清洁。

（3）煮水器　有烧水壶和热源两部分组成，热源可用电炉、酒精炉、炭炉等。

（4）保温瓶　贮放开水用。一般用居家使用的热水瓶即可，如去野外郊游或举行无我茶会时，需配备旅行热水瓶，以不锈钢双层胆者为佳。

（5）水方　置于泡茶席上贮放清洁的包茶用水的器皿。

（6）水注　将水注入煮水器内加热，或将开水注入壶（杯）中温器、调节冲泡水温的用具。形状近似壶，口较一般壶小，而流特别细长。

（7）水盂　盛放弃水、茶渣等物的器皿，亦称"滓盂"。

3. 盛运器

（1）提柜　用以存储泡茶用具及茶样罐的木柜，门为抽屉式，内分格或安放小抽屉，可携带外出泡茶用。

（2）都篮　竹编的有盖提篮，放置泡茶用具及茶样罐等，可携带外出泡茶。

（3）提袋　携带泡茶用具及茶样罐、泡茶巾、坐垫等物的多用袋，用人造革、帆布等制成的背带式袋子。

（4）包壶巾　用以保护壶、盅、杯等的包装布，以厚实而柔软的织物制成，四角缝有雌雄搭扣。

（5）杯套　用柔软的织物制成，套于杯外。

4. 泡茶席

（1）茶车　可以移动的泡茶桌子，不泡茶时可将两侧台面放下，搁架向对关闭，桌身即成一柜，柜内分格，放置必备泡茶器具及用品。

（2）茶桌　用于泡茶的桌子。长 120～150cm，宽60～80cm。

（3）茶席　用以泡茶的地面，常常用泡茶巾垫之。

（4）茶凳　泡茶时的坐凳，高低应与茶车或茶桌相配。

（5）坐垫　在炕桌上或地上泡茶时，用于坐、跪的柔软垫物。大都为 60cm×60cm 的方形物，或 60cm×45cm 的长方形物，为方便携带，可制成折叠式。

5. 备茶器

（1）茶样罐　泡茶时用于盛放茶样的容器，体积较小，装干茶30～50g 即可。

（2）贮茶罐（瓶）贮藏茶叶用，可贮茶 250～500g。为密封起见，应用双层盖或防潮盖，金属或瓷质均可。

（3）茶瓮（箱）涂釉陶瓷容器，小口鼓腹，贮藏防潮用具；也可用马口铁制成双层箱，下层放干燥剂（通常用生石灰），上层用于贮藏，双层间以带孔搁板隔开。

6. 辅助用品

（1）桌布　铺在桌面并向四周下垂的饰物，可用各种纤维织物制成。

（2）泡茶巾　铺于个人泡茶席上的织物或覆盖于洁具、干燥后的壶杯等茶具上。常用棉、丝织物制成。

（3）茶盘　摆置茶具，用以泡茶的基座。用竹、木、金属、陶瓷、石等制成，有规则形、自然形、排水形等多种。

（4）茶巾　用以擦洗、抹拭茶具的棉织物；或用作抹干泡茶、分茶时溅出的水滴；托垫壶底；吸干壶底、杯底之残水。

（5）茶巾盘　放置茶巾的用具。竹、木、金属、搪瓷等均可制作。

（6）奉茶盘　以之盛放茶杯、茶碗、茶具、茶食等，恭敬端送给品茶者，显得洁净而高雅。

（7）茶匙　从贮茶器中取干茶之工具，或在饮用添加茶叶时作搅拌用，常与茶荷搭配使用。

（8）茶荷　古时称茶则，是控制置茶量的器皿，用竹、木、陶、瓷、锡等制成。同时可作观看干茶样和置茶分样用。

（9）茶针　由壶嘴伸入流中防止茶叶阻塞，使出水流畅的工具，以竹、木制成。

（10）茶箸　泡头一道茶时，刮去壶口泡沫之具，形同筷子，也用于夹出茶渣，在配合泡茶时亦可用于搅拌茶汤。

（11）渣匙　从泡茶器具中取出茶渣的用具，常与茶针相连，即一端为茶针，另一端为渣匙，用竹、木制成。

（12）箸匙筒　插放箸、匙、茶针等用的有底筒状物。

（13）茶拂　用以刷除茶荷上所沾茶末之具。

（14）计时器　用以计算泡茶时间的工具，有定时钟和电子秒表，可以计秒的为佳。

（15）茶食盘　置放茶食的用具，用瓷、竹、金属等制成。

（16）茶叉　取食茶食用具，金属、竹、木制。

（17）消毒柜　用以烘干茶具和消毒灭菌。

7. 茶室用品

（1）屏风　遮挡非泡茶区域或作装饰用。

（2）茶挂　挂在墙上营造气氛的书画艺术作品。

（3）花器　插花用的瓶、篓、篮、盆等物。

（二）择水

饮茶用水以软水为好。软水泡茶，茶汤明亮，香味鲜爽；用硬水泡茶则相反，会使茶汤发暗，滋味发涩。泡茶用水要求清洁，无异臭和异味，水的硬度不超过 8.5 度，色度不超过 15 度，pH6.5 左右，不含有肉眼所能看到的悬浮微粒，不含有腐败的有机物和有害的微生物，浑浊度不超过 5 度，其他矿物质元素含量均要符合我国"生活饮用水卫生标准 GB 5749—2006"的要求。

1. 山泉水

大多出自植被繁茂、岩石重叠的山峦，经砂石过滤，水质清净晶莹，甘洌香润，无污染，富含二氧化碳和各种对人体有益的微量元素。用这种泉水泡茶，能使茶的色香味形得到最大限度发挥。江苏镇江中泠泉为天下第一泉；江苏无锡惠山泉为天下第二泉；浙江杭州虎跑泉为天下第三泉。

2. 江、河、湖水

它属地表水，含杂质较多，混浊度较高，一般说来，沏茶难以取得较好的效果，但远离人烟、植被生长繁茂、污染物较少的江、河、湖水，仍不失为沏茶好水。

3. 雪水和天落水

古人称之为"天泉"，尤其是雪水，更为古人所推崇。唐代白居易的"扫雪煎香茗"，宋代辛弃疾的"细写茶经煮香雪"，清代曹雪芹的"扫将新雪及时烹"，都是赞美用雪水沏茶的。雨水，一般说来，因时而异：秋雨，天高气爽，空中灰尘少，水味"清洌"，是雨水中上品；梅雨，天气沉闷，阴雨绵绵，水味"甘滑"，较为逊色；夏雨，雷雨阵阵，飞沙走石，水质不净。

4. 井水

属地下水，悬浮物含量少，透明度较高。最好取活水井的水沏茶。但井水又多为浅层地下水，特别是城市井水，易受周围环境污染，用来沏茶，有损茶味。

5. 自来水

它含有用来消毒的氯气等，在水管中滞留较久的，还含有较多的铁质。当水中的铁离子含量超过万分之五时，会使茶汤呈褐色；而氯化物与茶中的多酚类作用，又会使茶汤表面形成一层"锈油"，喝起来有苦涩味。所以用自来水沏茶，最好用无污染的容器，先贮存一天，待氯气散发后再煮沸沏茶，或者采用净水器将水净化，这样就可成为较好的沏茶用水。

6. 纯净水

采用多层过滤和超滤、反渗透技术制得，用这种水泡茶，不仅因为净度好、透明度高，沏出的茶汤晶莹透澈，而且香气滋味纯正，无异杂味，鲜醇爽口。

（三）水温掌控

以刚煮沸起泡为宜，用这样的水泡茶，茶汤香味皆佳。如水沸腾过久，即古人所称的"水老"，此时，溶于水中的二氧化碳挥发殆尽，泡茶鲜爽味便大为逊色。未沸滚的水，古人称为"水嫩"，也不适宜泡茶。水温过高，茶芽会被闷熟，泡出的茶汤黄浊，滋味较苦，维生素也易被大量破坏，即俗话说的造成"熟汤失味"。水温过低，茶叶中的有效物质未能充分溶出，使茶汤香薄味淡，甚至造成茶浮于水面沉不下去，饮用不便。茶类不同、茶叶等级不同，沏茶温度也不同，具体见表 5-1。

表 5-1　名优茶沏茶用水温度对比情况

茶类	沏茶第一泡适宜水温/℃
安吉白茶、太平猴魁	60～65
一般名优绿茶	80～85
黄茶、轻发酵乌龙茶	85～90
重发酵乌龙茶	90～95
花茶、红茶	95
白茶、普洱茶	100

（四）茶水比

一般来说，茶水的比例随茶叶的种类及嗜茶者情况等有所不同。

嫩茶、高档茶用量可少一点，粗茶应多放一点，乌龙茶、普洱茶的用量也应多一点。泡茶茶水比例建议用量具体见表5-2。

表5-2 各类茶沏泡茶水比建议用量比较

茶类	茶水比
大宗茶(绿茶、红茶、黄茶、花茶)	1∶75
名优茶(绿茶、红茶、黄茶、花茶)	1∶50
普洱茶	(1∶30)～(1∶50)
多酚含量较低名优茶(安吉白茶、太平猴魁)	1∶33
白茶	(1∶20)～(1∶25)
乌龙茶	(1∶12)～(1∶15)

（五）冲泡时间

一般杯泡绿茶、红茶、黄茶、茉莉花茶，冲泡2～3min饮用最佳，当茶汤为茶杯1/3时即可续水。一般白茶、乌龙茶用壶或盖碗泡，首先需要温润泡，然后第1、2、3、4泡依次浸泡茶叶约1min，1min15s，1min40s，2min15s。一般普洱茶用大壶焖泡法，视温润泡汤色的透明度可进行1～3次温润泡；然后冲泡，当茶汤呈葡萄酒色，即可分茶品饮。不同冲泡时间茶汤中主要成分的溶解率不同，具体见表5-3。

表5-3 不同冲泡时间茶汤中咖啡碱和茶多酚泡出情况比较

冲泡时间/min	茶汤中主要成分泡茶量/%	
	茶多酚	咖啡碱
1	30.3	40.3
2	44.5	74.6
5	61.9	92.5
10	＞90	＞95

（六）冲泡次数

名优绿茶、红茶、白茶、黄茶通常冲泡3次即可换茶，也可依各人口味而作调整。乌龙茶可以冲泡4～5次。有些乌龙茶可冲泡9～10次，跟其投茶量多，每次冲泡时间短有关。多次冲泡不如分两壶泡。普洱茶冲泡次数一般由个人口味决定。

（七）冲泡方法

回旋斟水法：注入开水约占杯子的三分之一，逆时针方向回旋。凤凰三点头：提壶向杯中注水上下三次，中间不间断水量一样。高冲低斟：高冲是指提起水壶于较高处（离茶壶或杯口15cm左右），逆时针打圈倒水，水流不断。低斟是指倒水时壶嘴最好贴近杯沿，以免香气散失温度降低。冲水后加不加盖，要"看茶、看水、看天气"，茶嫩、水热、暑天可不加杯盖；反之应加盖闷茶。

续水要及时，当饮到杯中尚余三分之一水量时，即应再加入开水，这称之为续水。续水若太迟，等一开茶喝光了再加水则二开茶的茶汤必定寡淡无味。冲泡时，除乌龙茶冲水须溢出壶口壶嘴外，其他以冲水八分满为宜，可谓是"浅茶满酒"。杯泡和盖碗泡民间常用"凤凰三点头"或"高山流水"之法，即将水壶下倾上提三次，表示主人向宾客点头，表示敬意；也利用水注的冲力使茶叶和茶水上下翻动，使茶汤浓度一致。一般地说，只有掌握好以上环节，就一定会把茶性发挥到极致，冲泡出色正、香高、味醇的好茶。

二、　健康饮茶

（一）茶类品性之看茶喝茶

李时珍《本草纲目》中记载："茶，味苦，甘，微寒，无毒，归经，入心、肝、脾、肺、肾脏。阴中之阳，可升可降。"六大茶类茶叶本身有寒凉和温和之分。绿茶属不发酵茶，富含叶绿素、维生素C，性凉而微寒。白茶微发酵茶，性凉（白茶温凉平缓）。但"绿茶的陈茶是草，白茶的陈茶是宝"，陈放的白茶有去邪扶正的功效。黄茶属部分发酵茶，性寒凉。青茶属于半发酵茶，性平，不寒亦不热，属中性茶。红茶属全发酵茶，性温。黑茶属于后发酵茶，茶性温和，滋味醇厚回甘，刺激性不强。常见茶类品性见彩图12。

（二）个人体质之看人喝茶

喝茶因个人体质不同而异，某些人喝龙井茶或花茶就不停地要上厕所，泻得很厉害；某些人一年四季菊花茶不离口，但喉痛却久久不愈；有人喝茶后会出现便秘；有人喝茶后饥饿感很严重；有人喝茶会整夜睡不着；有人喝茶后血压会上升；还有人喝茶会像喝醉酒一样。内火比较旺盛的人夏季上火得厉害，还坚持喝红茶，那无疑火上浇油！寒凉体质的人平时吃点生冷的就不舒服，还坚持冬天喝绿茶，那无疑雪上加霜。

1. 人体体质辨识

体质是指人体生命过程中，在先天禀赋和后天获得的基础上所形成的形态结构、生理功能和心理状态方面的综合的、相对稳定的固有特质。共有九种类型的体质。

（1）平和质　体质特征和常见表现为面色红润、精力充沛，正常体质。

（2）气虚质　体质特征和常见表现为易感气不够用，声音低，易累，易感冒，爬楼易气喘吁吁的。

（3）阳虚质　体质特征和常见表现为阳气不足，畏冷，手脚发凉，易大便稀溏。

（4）阴虚质　体质特征和常见表现为内热，不耐暑热，易口燥咽干，手脚心发热，眼睛干涩，大便干结。

（5）血瘀质　体质特征和常见表现为面色偏暗，牙龈出血，易现瘀斑，眼睛红丝。

（6）痰湿质　体质特征和常见表现为体形肥胖，腹部肥满松软，易出汗，面油，嗓子有痰，舌苔较厚。

（7）湿热质，湿热内蕴，面部和鼻尖总是油光发亮，脸上易生粉刺，皮肤易瘙痒。常感到口苦、口臭。

（8）气郁质　体形偏瘦，多愁善感，感情脆弱，常感到乳房及两胁部胀痛。

（9）特禀质　特异性体质，过敏体质，常鼻塞、打喷嚏，易患哮喘，易对药物、食物、花粉、气味、季节过敏。

2. 不同体质适合饮茶选择

燥热体质的人应喝凉性茶，虚寒体质者应喝温性茶。人的身体状况则又是动态的，抽烟、喝酒、熬夜等不良生活习惯可导致体质的多样化。两种体质可兼而有之。每种茶类，无论你是什么体质，小尝一下，偶尔喝喝都是没关系的。在饮茶方面，有的人要讲究一些，偏嗜于某种茶，这样在长期的饮茶习惯影响下，体质也会发生变化。根据个人体质选择适宜饮茶情况具体见表5-4。

表 5-4　不同体质适宜饮茶对照建议

体质类型	喝　茶　建　议
平和质	各种茶类均可
气虚质	普洱熟茶、乌龙茶、富含氨基酸如安吉白茶、低咖啡因茶
阳虚质	红茶、黑茶、重发酵乌龙茶（岩茶），少饮绿茶、黄茶，不饮苦丁茶
特禀质	低咖啡因茶，不喝浓茶
阴虚质	多饮绿茶、黄茶、白茶、苦丁茶，轻发酵乌龙茶可配枸杞子、菊花、决明子，慎喝红茶、黑茶、重发酵乌龙茶
血瘀质	多喝各类茶，可浓些；山楂茶、玫瑰花茶、红糖茶等；推荐茶多酚片
痰湿质	多喝各类茶，推荐茶多酚片，橘皮茶
湿热质	多饮绿茶、黄茶、白茶、苦丁茶，轻发酵乌龙茶可配枸杞子、菊花、决明子，慎喝红茶、黑茶、重发酵乌龙茶，推荐茶爽
气郁质	富含氨基酸如安吉白茶、低咖啡茶、山楂茶、玫瑰花茶、菊花茶、佛手茶、金银花茶、山楂茶、葛根茶

（三）时季变化之看时喝茶

1. 四季饮茶不同

春饮花茶理郁气（上一年秋铁观音、普洱熟茶）；夏饮绿茶驱暑湿（白茶、黄茶、苦丁茶、轻发酵乌龙茶、生普洱）；秋品乌龙解燥热（红、绿茶混用；绿茶和花茶混用）；冬日红茶暖脾胃（熟普洱、重发酵乌龙茶）。

2. 每日饮茶不同

对于中国人来说，喝茶养生是流传了几千年的传统。近年来，关于茶叶的健康功效研究得也越来越多：抗癌、保护心血管、防辐射……似乎人们生活中所有的健康隐患，都可以靠一杯茶来化解。但是什么时候喝茶好？对照《黄帝内经》可以看到，喝茶是有时间规律的，不同时间点喝茶起到的作用不一。

早晨：白开水后，淡茶水。因为经过一昼夜的新陈代谢，人体消耗大量的水分，血液的浓度大。早起后不宜直接饮茶水，最好先喝一杯白水，之后再饮淡茶水，对健康有利，饮淡茶水是为了防止损伤胃黏膜。

早上适宜喝红茶：人在睡了一夜之后，身体往往处于相对静止的状态，喝红茶则可促进血液循环，同时能够祛除体内寒气，让大脑供血充足。

午后：下午3：00左右喝茶，对人体能起到调理的作用，增强身体的抵抗力、补养、还能防止感冒，此时喝茶是一天中最重要的。午后适宜喝乌龙茶或绿茶。通常情况下，人体在中午时分会肝火旺盛，此时饮用绿茶或者青茶可使这一症状得到缓解。

晚上：晚上8：30左右喝茶。这个时间是人体免疫系统最活跃的时间，对一些神经衰弱人群，可以选择喝半发酵的温性的铁观音。千万不要喝绿茶，因为绿茶是不发酵茶，对人体有一定的刺激。

晚间适宜喝黑茶：人在吃了三餐之后，身体会积聚一些肥腻之物在消化系统内，倘若晚饭后能够饮用一杯黑茶则有助于分解积聚的脂肪，既暖胃又助消化。

喝得舒服才是最重要的，尽管饮茶具有多种保健作用，还是不能把它当作包治百病的灵丹妙药，只需把它当作一种健康、天然的饮品，通过将饮茶或品茶融入日常生活而获得身体上的健康、情操上的陶冶和精神上的愉悦。

3. 其他适宜喝茶的时候

（1）出大汗后　这时饮茶能很快补充人体所需的水分，降低血液浓度，加速排泄体内废物，减轻肌肉酸痛，逐步消除疲劳。

（2）吃太咸的食物后　同时多饮儿茶素含量较高的高级绿茶，可以抑制致癌物的形成，增强免疫功能。

（3）吃油腻食物后　有利于加快食物排入肠道，使胃部舒畅。为了"消脂"而喝茶，茶可以适当泡浓一点，但应该喝热茶，且量不宜多，否则会冲淡胃液，影响消化。

微博神聊 ⌄

　　用图文并茂的微信（微博）形式说明"黄茶品质与绿茶品质之间差异"，并将该条微信（微博）发到朋友圈（微博空间）与大家交流。

黄茶审评

茶叶感官审评是审评人员利用感官来鉴别茶叶品质的过程，即运用正常的视觉、嗅觉、味觉、触觉的辨别能力对茶叶产品的外形、汤色、香气、滋味与叶底等品质因子进行审评，从而达到鉴定茶叶品质的目的。

第一讲 审评条件

一、生理基础

1. 视觉

视觉是通过视觉系统的外周感觉器官（眼）接受外界环境中一定波长范围内的电磁波刺激，经中枢有关部分进行编码加工和分析后获得的主观感觉。通过视觉，人和动物感知外界物体的大小、明暗、颜色、动静，获得对机体生存具有重要意义的各种信息，至少有 80% 以上的外界信息经视觉获得，视觉是人和动物最重要的感觉。

审评人员利用眼睛对茶叶形状（外形、整碎、匀净）和色泽（干茶色泽、汤色、叶底等色泽）的反应，是判定茶叶质量的主要感官之一。因此，审评人员裸眼视力必须在 0.5 以上，而且不能有弱视或者色盲。在计划经济时代，每年春茶前有关收购部门都要召开专门会议，对毛茶收购样"统一目光"，这在当时对执行国家茶叶价格政策、稳定茶叶市场起到了重要的作用。当然，值得说明的是，在计划经济时代对茶叶样品统一的"目光"是指对茶叶感官审评的综合感觉。

2. 嗅觉

嗅觉是由挥发性气体刺激位于鼻腔深部裂腭上的嗅觉细胞而引起的感觉。气味物质作用于嗅细胞，产生神经冲动经嗅神经传导，最后到达大脑皮层的嗅中枢，形成嗅觉。嗅觉产生的过程较为复杂，目前还没有公认的嗅觉理论。人类的基本嗅觉有四种，即香、酸、糖味和腐臭。若缺乏一般人所具有的嗅觉能力，称嗅盲。嗅觉常与味觉紧密相联，如嗅辣椒时的辣味常伴有痛觉，嗅薄荷叶时又带有冷觉，是动物进化中最古老的感觉之一。嗅觉是一种远感，它是通过长距离感受化学刺激的感觉。相比之下，味觉是一种近感。一般都用引起嗅觉的物质名称来描述气味，如水果香、花香、焦臭等。对气味的分类有许多种方法，其中接受度最高的分类是将气味分为六大类：茶香味、果香味、药味、树脂味、焦香味和腐臭味。

空气的温度和湿度对嗅觉感受性有很大影响，因为这两个因素影响到气味分子的振动和传播。适应是嗅觉极为显著的特点，对一种气味的适应并不只是感受性降低了一些，而是感觉不到它了。气味的相互作用有许多不同的情况，当一种气味的强度大大超过另一种气味的强度时，就有气味的掩蔽现象；当两种气味的强度适宜时，出现气味的混合；两种气味彼此越相似，就越容易混合，并且越难把它们彼此区分开来。

3. 味觉

味觉是指食物在人的口腔内对味觉器官化学感受系统的刺激并产生的一种感觉。就生理上来说，基本的味觉仅包含咸、甜、苦、酸、鲜五种。鲜味是使人感到愉悦，能产生强烈食欲的一种综合性感觉，东方人比较讲究鲜味，而欧美国家的人对鲜味不那么重视。舌是人体内一个与众不同身兼数职的重要器官，是一块特殊肌肉，它的一端是游离的，可以在口腔内向前后、左右、上下作三维的灵活运动，可谓"巧舌如簧"。食物进入口腔，舌头表面的味蕾能感受溶解在唾液里食物中的有味物质，产生的神经冲动传到大脑，引起味觉，刺激食欲。

人的几种基本味觉来自人们的舌上的味蕾，舌前部即舌尖有大量感觉到甜的味蕾，舌两侧前半部负责咸味，后半部负责酸味，近舌根部分负责苦味。

4. 触觉

触觉是指分布于全身皮肤上的神经细胞接受来自外界的温度、湿度、疼痛、压力、振动等方面的感觉。茶叶品质感官审评主要是人手的触摸感觉。在茶叶评审过程中，上、中、下三段茶的比例，茶叶重实与否，茶叶水分含量的判断（用手捻茶叶成粉末的程度），以及叶底的老嫩都是依靠人手的触摸感觉的反应，因此触觉对茶叶评审具有重要的作用。但不同于嗅觉和味觉有灵敏之分，触觉的准确反映主要是评茶人员长期经验的积累。

5. 听觉

听觉指的是声源振动引起空气产生疏密波（声波），通过外耳和中耳组成的传音系统传递到内耳，经内耳的环能作用将声波的机械能转变为听觉神经上的神经行动，后者传送到大脑皮层听觉中枢而产生的主观感觉。

通常听觉在茶叶审评中的作用要弱于其他感觉器官，但也可以扮演独特角色。在饮茶过程中，一般情况下人们会利用味觉和视觉来判断一杯茶是否还能再继续冲泡。通过视觉评判茶汤的色泽是否呈现该有的茶色，如绿茶茶汤的黄绿或者红茶的红色，以其颜色的深浅来判断茶叶是否适合继续冲泡。通过味觉品尝茶汤的滋味，舌反馈茶叶是尚可继续冲泡或者已经平淡无味。除了利用上述两种感觉来衡量茶叶是否适合继续冲泡外，听觉也可以有此功能。当喝完杯中的茶后，把茶杯放在耳朵边上，若听到如蟹冒泡时的声音，声音越大越急，说明杯中的茶叶还可以冲泡多次，反之若声音微小稀疏，则杯中茶可以弃之。

综上，人体的眼、耳、舌、鼻、手等器官是茶叶评审主要利用的感觉器官。上述感官的反应必须把获得的信息反馈给大脑，通过大脑的综合判断才能科学合理地评定茶叶的优劣等级。因此，作为把控茶叶品质的评茶人员不仅要具备敏锐的感觉器官分辨能力和科学的评茶知识，还必须要有丰富的茶叶加工实践经验的积累，才能在茶叶品质审评过程中对茶叶做出科学的优劣等级判定。

二、　审评实施

茶叶感官审评是一门利用感官分析技术的科学，要保证这门技术的科学性和准确性，必须使评茶人员的感觉器官不受外界因素的干扰，因此茶叶感官审评必须在一个条件较高的实验室，即茶叶感官审评室中进行，同时使用统一的标准评茶用具和一套科学的操作方法，以尽量减少因外界影响而产生的审评误差。

1. 感官审评室布局

茶叶感官审评室一般应该包括：

（1）进行感官审评工作的审评室；

（2）用于制备和存放评审样品及标准样的样品室。

2. 审评室环境

（1）地点　茶叶感官审评室应建立在地势干燥、环境清静、北向无高层建筑及杂物阻挡，无反射光，周围无异气污染的地区。

（2）朝向　审评室应坐南朝北，北向开窗。

（3）面积　面积按评茶人数和日常工作量而定，最小面积不得小于 15m²。

（4）室内色调　审评室内要求清洁卫生，墙壁和天花板要求漆成哑光乳白色或者浅灰色，地面为浅灰色或者深灰色。

（5）气味　检验期间室内的建筑材料和内部设施不能散发气味，周围无污染气体排放，器具清洁不能留下气味。

（6）噪音　评茶时候，保持安静；控制噪声不得超过 50dB。

（7）采光　室内光线柔和明亮，无阳光直射，无杂色反射光。其光源主要有自然光和人造光。利用北面自然光，前方应无遮挡物、玻璃墙及涂有鲜艳色彩的反射物。开窗面积大，使用无色透明玻璃并保持洁净。有条件的可采用北向斗式采光窗，斜度 30°，半壁涂以无反射光的黑色油漆，顶部镶有无色透明平板玻璃。当自然光线不足时应该有可调控的人造光源进行辅助照明。使用人造光时避免自然光源干扰。干评台照度约 1000lx，湿评台照度不低于 750lx。

（8）温度和湿度　室内应配备温度计、湿度计、空调机、去湿机及通风装置，使室内温度、湿度得以控制。评茶时，室内温度宜保持在 25℃左右，室内相对湿度不高于 70％。

3. 样品室要求

样品室应具备以下设施：样品架及内置干燥剂的有盖茶样桶（箱）；配备温度计、湿度计和去湿机，以维持室内温度不高于 20℃，相对湿度不大于 50％；配置冷柜或冰箱，用于实物标准样及其代表性实物参考样的低温贮存，样品贮存前水分含量不得超过 5％，并用镁铝复合袋包装。样品水分若超过 5％，可置于有盖茶样桶（箱）中，用生石灰吸湿或用其他技术进行脱水，但不得改变茶叶原来的色、香、味、形。

用于制备样品的其他必要设备：工作台、分样器、分样盘、天平、茶叶罐等。

照明设施和防火设施应该符合防火要求，并定时检修。

样品室应紧靠审评室，但应与其隔开，以防相互干扰。室内整洁、干燥、无异味，门窗应挂暗帘。

4. 审评用具

不同茶类的审评用具见表 16-1。

（1）干评台 干评台是评定茶叶外形的工作台，长度依实际需要而定。一般高 800～900mm，宽 600～750mm，台面漆成无反射光的黑色，靠北窗口安放。

（2）湿评台 湿评台是评定茶叶内质的工作台，通常设置于干评台后面。一般高 850mm，台面框高 30mm，宽 450mm，长 1500mm。台面漆成无反射光的乳白色。

（3）审评杯碗 审评杯、碗是用来泡茶和审评茶叶香气的用具。白色瓷质，大小、厚薄、色泽一致。

① 初制茶（毛茶）审评杯碗：杯呈圆柱形，高 76mm，外径 82mm，内径 76mm，容量 250ml。具盖，杯盖上有一小孔，在杯柄对面的杯口上缘有一呈月牙形或锯齿形的滤茶口，方便在审评时杯盖横搁在审评碗上仍易滤出茶汁。口中心深 5mm，宽为 15mm。审评碗主要用来审评茶汤汤色和滋味。碗高 60mm，上口外径 100mm，上口内径 95mm，底外径 65mm，容量 300ml。

② 精制茶（成品茶）审评杯碗：杯呈圆柱形，高 65mm，外径 66mm，内径 62mm，容量 150ml。

（4）评茶盘 评茶盘主要用于审评干茶外形（条索、整碎、净度）和干茶色泽。用无气味的木板或者胶合板制成，正方形，外围边长 240mm，内围边长 230mm，边高 33mm，盘的一角开有缺口，缺口呈倒等腰梯形，上宽 50mm，下宽 30mm。涂无反射光的乳白色漆，要求无气味。审评毛茶一般采用竹篾制成的圆形样匾，直径 500mm，边高 40mm。

（5）分样盘 无气味的木板或者胶合板制成，正方形，内围边长 320mm，边高 35mm，盘的两端各开有一缺口，涂以无反射光乳白色漆，要求无气味。

表6-1 不同茶类的审评用具与冲泡方法

茶类		审评用具								称样量/g	用水量/ml	冲泡时间/min
		审评杯				审评碗						
		高/mm	外径/mm	内径/mm	容量/ml	高/mm	上口/mm	内径/mm	容量/ml			
绿茶、红茶、黄茶、白茶、普洱茶、花茶	毛茶	82	84	78	250	61	114	106	250	5	200	5
	成品茶	65	66	62	150	55	95	90	200	3	150	5
紧茶、沱茶、饼茶、普洱茶、湘尖、六堡茶	成型前	82	84	78	250	61	114	106	250	5	200	8
	成型后	82	84	78	250	61	114	106	250	5	200	8
黑砖、花砖、茯砖、青砖、米砖、金尖茶	成型前	86	95	81	310	60	117	100	380	3~5	150~250	5~8
	成型后	86	95	81	310	60	117	100	380	5	250	10
乌龙茶(吊钟形杯)		52	80	45	110	50	90	85	110	5	110	2~3~5
速溶茶		透明玻璃杯250ml或300ml				—	—	—		0.75 热泡	150 冷泡	3
袋泡茶		65	66	62	150	—	—	—		2.5g/袋	150	5

（6）叶底盘　叶底盘主要用于审评叶底（茶叶浸泡后的茶渣），黑色小木盘或者白色搪瓷盘。木质叶底盘为正方形，通常漆成黑色，长宽各 100mm，高 20mm，供审评精制茶用。白色搪瓷盘为长方形，外径：长 230mm，宽 170mm，边高 30mm，一般供审评初制茶和名优茶叶底用。

（7）称量用具　天平，感量 0.1g。

（8）计时器　定时装置如手机、时钟、特制砂时计，精确到秒。

（9）其他评茶用具

① 刻度尺：刻度精确到毫米；

② 网匙：不锈钢网制半圆形小勺子，捞取碗底沉淀的碎茶用；

③ 茶匙：不锈钢或瓷匙，容量约 10ml；

④ 吐茶桶：一个专门接盛评审废茶水装置，建议用一次性杯子；

⑤ 烧水壶：采用电茶壶。

5. 评茶用水

古人曰：水乃茶之母。明代张大复在《梅花庵草堂笔谈》中如此论述水与茶的作用："茶性必发于水，八分茶遇十分水，茶亦十分矣。八分之水，试十分之茶，茶只八分耳"，足见泡茶用水的选择对泡好茶的重要性。评审茶叶的优劣，须将茶叶冲泡后才能评断，然而水的软、硬、清、浊等对茶汤的水色、滋味、香气皆有影响。审评茶叶用水的各项理化指标和卫生指标须符合国家标准 GB5749—2006《生活饮用水卫生标准》。要求水质无色、透明、无沉淀、无异味。自来水须经过净化器净化后方可使用。建议使用农夫山泉、娃哈哈纯净水等一些水质要求相对较高的水作为评茶用水。

三、 评茶员素质

茶叶审评是一种有意识的遵循一种缜密科学的方法，强调感觉器官的真实反映和表达，是经一系列分析计算的行为。茶叶审评作为一门实用技术，评茶人员应该将理论学习与实际操作有机地结合起来，两者不可偏废。如只重视理论知识，在实际审评时候常常会因为缺乏经验，难以做出正确的审评结果；单纯地以茶评茶，则常会陷入习惯的误区，做出狭隘的判断。

1. 身体条件

茶叶审评是茶汤中的呈味物质对感觉器官发生一系列刺激作用，通过传导神经送入大脑，大脑经综合整理后形成的一种相应的知觉。人体对嗅觉或者味觉的刺激有一个量的界限，只有当物质形成一定量的时候，才会有这种知觉感受，这种引起感觉刺激物质的最小量称为感觉阈值。

茶叶审评人员要求要有敏锐的感觉器官，具有正常的身体条件：①身体健康，无慢性传染病，如肺结核、肝炎等；②视力正常，裸视0.5或者矫正后大于1.0，辨色要求无色盲，能正确排列不同浓度的重铬酸钾水溶液色阶；③嗅觉神经正常，无慢性鼻炎之类的疾病，鼻腔黏膜滋润，无明显分泌物。能正确嗅别不同浓度的香草、苦杏、玫瑰、茉莉、薄荷、柠檬等芳香物质；其灵敏度高于正常人平均值；④消化系统正常，无慢性胃病；⑤无狐臭等疾病。

人的感觉敏感性受到先天和后天因素的影响。某些感觉可以通过训练或强化获得特别的发展，即敏感性增大。所以感官审评员的培训，是有意识地提高其相关感觉的敏感性的一种活动。对大多数人来说，未经训练的嗅觉和味觉是不够敏锐的，对香味和滋味的判断能也是有限的。感觉的惰性往往会导致对许多食物的香味判断的无差别出现，即呈中性反应。茶叶审评是对感觉器官一个很好的培训，不但可以激活它的感知力，而且可以防止其感知力的降级。为了保持和提高感觉的敏锐度，需要经常不断地进行功能性的锻炼，才能改善感觉的准确性和敏感性，同时增强评价和判断的能力。

2. 专业素质

作为专业的评茶人员，应该有丰富的茶叶加工工艺、茶叶品质特征、茶叶机械、茶叶化学等相关的专业知识，以及一定的茶叶加工和茶叶审评实践经验，熟练掌握评茶技术规则，熟悉茶叶质量标准，正确运用评茶术语。作为一名优秀的评茶人员，还要深入了解特定的茶叶消费市场和相应的饮茶习惯，能通过对市场消费变化的分析，把握市场的发展趋势。不知道某种茶叶的加工方法，就难以对茶叶加工技术提出确切的改进意见；不了解茶叶销售市场与饮茶习惯就无法做到产销对路。因此，作为一名专业的评茶人员，应是茶叶行业中"制、供、销"的多面手，才能成为判断茶叶品质的"行家"。

3. 审评工作要求

茶叶审评工作者应该在日常生活中时时注意好自己视觉、嗅觉和味觉等器官的灵敏度，避免受到某些食物与药物的干扰和伤害。因此审评工作中应做到以下几点：①审评茶叶前切忌饮酒、吸烟以及食用刺激性的食物；②慎用药物；③审评过程中不使用有气味的清洁剂和化妆品。

第二讲 审评指标

茶叶审评项目一般分为外形、汤色、香气、滋味和叶底。我国因茶类众多，不同茶类的审评方法和审评因子有所不同。在国外，生产的茶叶一般只有红茶、绿茶两类，审评项目大同小异。如日本对茶叶审评分外形、汤色、香气、滋味4个项目。印度的外形项目分形状、色泽、净度、身骨4项因子；内质分茶汤和叶底两个项目，评茶汤包括看汤色、评滋味，评叶底包括嗅叶底香气和评叶底色泽。英国和斯里兰卡等国家的红茶审评分外形、茶汤、叶底3个项目，外形又分色泽、匀度、紧结度及含毫量等审评因子，茶汤分特质、汤色、浓度、刺激性及香气等审评因子，叶底分嗅叶底香气和叶底色泽两个因子。前苏联评茶的外形项目包括色泽、匀度、同一品质度、粗细度及松紧度 5 个审评因子；内质包括香气、滋味、汤色及叶底色泽 4 个项目，审评时以香气为主。

确定茶叶品质高低，一般分干评外形和湿评内质。红、绿毛茶外形审评分松紧、老嫩、整碎、净杂 4 项因子，有的分条索、色泽、整碎、净度，或分嫩度、条索、色泽、整碎、净度 5 个因子，结合嗅干茶香气，手测毛茶水分。红、绿成品茶外形审评因子与毛茶相同。内质审评包括香气、汤色、滋味、叶底 4 个项目。这样外形、内质共 5 个项目（习惯上又称 8 项因子）。评茶时必须内外干湿兼评，深入了解各个审评因子的内容，熟练地掌握审评方法，进行细致地综合分析、比较，以求得正确的审评结果。

一、 外形审评

毛茶外形审评对鉴别品质高低起重要作用，现根据外形审评各项因子内容分述如下。

（一）嫩度

嫩度是决定茶叶品质的基本条件，是外形审评的重点因子。一般说来，嫩叶中可溶性物质含量高，饮用价值也高，又因叶质柔软，叶肉肥厚，有利于初制中成条和造型，故条索紧结重实，芽毫显露，完整饱满，外形美观。而嫩度差的则不然。审评时应注意，一定嫩度的茶叶具有相应符合该茶类规格的条索，同时一定的条索也必然具有相应的嫩度。当然，由于茶类不同，对外形的要求不尽相同，因而对嫩度和采摘标准的要求也不同。例如，青茶和黑茶要求采摘具有一定成熟度的新梢；安徽的六安瓜片也是采摘成熟新梢，然后再经扳片，将嫩叶、老叶分开炒制。所以，审评茶叶嫩度时应因茶而异，在普遍性中注意特殊性，对该茶类各级标准样的嫩度要求进行详细分析，并探讨该因子审评的具体内容与方法。嫩度主要看芽叶比例与叶质老嫩，有无锋苗和毫毛及条索的光糙度。

1. 嫩度好

嫩度好指芽及嫩叶比例大，含量多。审评时要以整盘茶去比，不能单从个数去比，因为同是芽与嫩叶，仍有厚薄、长短、大小之别。凡是芽及嫩叶比例相近、芽壮身骨重、叶质厚实的品质好。所以采摘时要老嫩匀齐，制成毛茶外形才整齐。而老嫩不匀的芽叶初制时难以掌握，且老叶身骨轻，外形不匀整，品质就差。

2. 锋苗

锋苗指芽叶紧卷做成条的锐度。条索紧结、芽头完整锋利并显露，表明嫩度好，制工好。嫩度差的，制工虽好，条索完整，但不锐无锋，品质就次。如初制不当造成断头缺苗，则另当别论。芽上有毫又称茸毛，茸毛多、长而粗的好。一般炒青绿茶看锋苗，烘青看芽毫，条形红茶看芽头。因炒青绿茶在炒制中茸毛多脱落，不易见毫，而烘制的茶叶茸毛保留多，芽毫显而易见。但有些采摘细嫩的名茶，虽经炒制，因手势轻，芽毫仍显露。芽的多少，毫的疏密，常因品种、茶季、茶类、加工方式不同而不同。同样嫩度的茶叶，春茶显毫，夏秋茶次之；高山茶显毫，平地茶次之；人工揉捻显毫，机揉次之；烘青比炒青显毫；工夫红茶比炒青绿茶显毫。

3. 光糙度

嫩叶细胞组织柔软且果胶质多，容易揉成条，条索光滑平伏。而老叶质地硬，条索不易揉紧，条索表面凸凹起皱，干茶外形较粗糙。

（二）条索

叶片卷转成条称为"条索"。各类茶应具有一定的外形规格，这是区别商品茶种类和等级的依据。外形呈条状的有炒青、烘青、条茶、长条形红茶、青茶等。条形茶的条索的要求紧直有锋苗，除烘青条索允许略带扁状外，都以松扁、曲碎的为差。青茶条索紧卷结实，略带扭曲。其他不成条索的茶叶称为"条形"，如龙井、旗枪是扁条，以扁平、光滑、尖削、挺直、匀齐的好，粗糙、短钝和带浑条的差。

但珠茶要求颗粒圆结的好，呈条索的不好。黑毛茶条索要求皱褶较紧，无敞叶的好。

1. 长条形茶的条索比松紧、弯直、壮瘦、团扁、轻重

（1）松紧 条细空隙度小、体积小、条紧为好。条粗空隙度大、体积粗大、条松为差。

（2）弯直 条索圆浑、紧直的好，弯曲、钩曲为差。可将茶样盘筛转，看茶叶平伏程度，不翘的叫直，反之则弯。

（3）壮瘦 芽叶肥壮、叶肉厚的鲜叶有效成分含量多，制成的茶叶条索紧结壮实、身骨重、品质好。反之，瘦薄为次。

（4）圆扁 指长度比宽度大若干倍的条形其横切面近圆形的称为"圆"，如炒青绿茶的条索要圆浑，圆而带扁的为次。

（5）轻重 指身骨轻重。嫩度好的茶，叶肉肥厚，条紧结而沉重；嫩度差，叶张薄，条粗松而轻飘。

2. 扁形茶的条形比规格、糙滑

（1）规格 龙井茶条形扁平，平整挺直，尖削似碗钉形。大方茶条形扁直，稍厚，较宽长，且有较多棱角。

（2）糙滑 条形表面平整光滑，茶在盘中筛转流利而不勾结称"光滑"，反之则为"糙"。

3. 圆珠形茶比颗拉的松紧、匀正、轻重、空实

（1）松紧 芽叶卷结成颗粒，粒小紧实而完整的称"圆紧"，反之颗粒粗大谓之"松"。

（2）匀正 指匀齐的各段茶的品质符合要求，拼配适当。

（3）轻重 颗粒紧实，叶质肥厚，身骨重的称为"重实"；叶质粗老，扁薄而轻飘的谓之"轻飘"。

（4）空实 颗粒圆整而紧实称之"实"，与重实含义相同。圆粒粗大或朴块状，身骨轻的谓之"空"。

虽同是圆形茶尚有差别，如珠茶是圆珠形，而涌溪火青和泉岗辉白是腰圆形，贡熙是圆形或团块状并有切口或称破口。

（三）色泽

干茶色泽主要从色度和光泽度两方面去看。色度即指茶叶的颜色及色的深浅程度。光泽度指茶叶接受外来光线后，一部分光线被吸收，一部分光线被反射出来，形成茶叶色面的亮暗程度。各类茶叶均有其一定的色泽要求，如红茶以乌黑油润为好，黑褐、红褐次之，棕红更次；绿茶以翠绿、深绿光润的好，绿中带黄者次；青茶则以青褐光润的好，黄绿、枯暗者次；黑毛茶以油黑色为好，黄绿色或铁板色都差。干茶的色度比颜色的深浅，光泽度可从润枯、鲜暗、匀杂等方面去评比。

1. 深浅

首先看色泽是否符合该茶类应有的色泽要求。对正常的干茶而言，原料细嫩的高级茶颜色深，随着茶叶级别下降颜色渐浅。

2. 润枯

"润"表示茶叶表面油润光滑，反光强。一般可反映鲜叶嫩而新鲜，加工及时合理，是品质好的标志。"枯"是茶叶有色而无光泽或光泽差，表示鲜叶老或制工不当，茶叶品质差。劣变茶或陈茶的色泽多为枯且暗。

3. 鲜暗

"鲜"为色泽鲜艳、鲜活，给人以新鲜感，表示鲜叶新鲜，初制及时合理，为新茶所具有的色泽。"暗"表现为茶色深且无光泽，一般为鲜叶粗老，贮运不当，初制不当或茶叶陈化等所致。紫芽种鲜叶制成的绿茶，色泽带黑发暗。过度深绿的鲜叶制成的红茶，色泽常呈现青暗或乌暗。

4. 匀杂

"匀"表示色调和一致。色不一致，茶中多绿片、青条、筋梗、焦片末等谓之"杂"。

（四）整碎

整碎指外形的匀整程度。毛茶基本上要求保持茶叶的自然形态，完整的为好，断碎的为差。精茶的整碎主要评比各孔茶的拼配比例是否恰当，要求筛档匀称不脱档，面张茶平伏，下盘茶含量不超标，上、中、下三段茶互相衔接。

（五）净度

净度指茶叶中含夹杂物的程度。不含夹杂物的为净度好，反之则净度差。茶叶夹杂物有茶类夹杂物和非茶类夹杂物之分。茶类夹杂物指茶梗、茶籽、茶朴、茶末、毛衣等，非茶类夹杂物指采制、贮运中混入的杂物，如竹屑、杂草、砂石、棕毛等。茶叶是供人们饮用的食品，要求符合卫生规定，对非茶类夹杂物或严重影响品质的杂质，必须拣剔干净，禁止混入茶中。对于茶梗、茶籽、茶朴等，应根据含量多少来评定品质优劣。

二、 内质审评

内质审评汤色、香气、滋味、叶底 4 个项目，将杯中茶叶冲泡出的茶汤倒入审评碗，茶汤处理好后，先嗅杯中香气，后看碗中汤色（茶汤色易变的，宜先看汤色后嗅香气），再尝滋味，最后察看叶底。

（一）汤色

汤色指茶叶冲泡后溶解在热水中的溶液所呈现的色泽。汤色审评要快，因为溶于热水中的多酚类等物质与空气接触后很易氧化变色，使绿茶汤色变黄变深，青茶汤色变红，红茶汤色变暗，尤以绿茶变化更快。故绿茶宜先看汤色，即使其他茶类，在嗅香前也宜先快看一遍汤色，做到心中有数，并在嗅香时，把汤色结合起来看。尤其在寒冷的冬季，避免嗅了香气后茶汤已变冷或变色。汤色审评主要从色度、亮度和清浊度三方面去评比。

1. 色度

色度指茶汤颜色。茶汤汤色除与茶树品种和鲜叶老嫩有关外，主要是制法不同，使各类茶具有不同颜色的汤色。评比时，主要从正常色、劣变色和陈变色三方面去看。

（1）正常色　即一个地区的鲜叶在正常采制条件下制成的茶叶，经冲泡后所呈现的汤色。如绿茶绿汤，绿中呈黄；红茶红汤，红艳明亮；青茶橙黄明亮；白茶浅黄明净；黄茶黄汤；黑茶橙黄浅明等。在正常的汤色中，由于加工精细程度不同，虽属正常色，尚有优次之分，故对于正常汤色应进一步区别其浓淡和深浅。通常汤色深而亮，表明汤浓，物质丰富；汤色浅而明，则表明汤淡，物质不丰富。至于汤色的深浅，只能是同一地区的同一类茶作比较。

（2）劣变色　由于鲜叶采运、摊放或初制不当等造成变质，汤色不正。如鲜叶处理不当，制成绿茶汤色轻则汤黄，重则变红；绿茶干燥炒焦，汤色变黄浊；红茶发酵过度，汤色变深暗等。

（3）陈变色　陈化是茶叶特性鲜明之一，在通常条件下贮存，随时间延长，陈化程度加深。如果绿茶初制时各工序间不能接续，或杀青后不能及时揉捻，或揉捻后不能及时干燥，则会使新茶制成陈茶色。绿茶的新茶，汤色绿明，陈茶则灰黄或昏暗。

2. 亮度

亮度指亮暗程度。亮表明射入茶汤中的光线被吸收的少，反射出来的多，暗则相反。凡茶汤亮度好的，品质亦好。茶汤能一眼见底的为明亮，如绿茶看碗底反光强就明亮，红茶还可看汤面沿碗边的金黄色的圈（称金圈）的颜色和厚度，光圈的颜色正常，鲜明而厚的亮度好；光圈颜色不正且暗而窄的，亮度差，品质亦差。

3. 清浊度

清浊度指茶汤清澈或混浊程度。清指汤色纯净透明，无混杂，清澈见底。浊与混或浑含义相同，指汤不清，视线不易透过汤层，汤中有沉淀物或细小悬浮物。发生酸、馊、霉、陈变等劣变的茶叶，其茶汤多是混浊不清。杀青炒焦的叶片、干燥烘焦或炒焦的碎片，冲泡后进入茶汤中产生沉淀，都能使茶汤混而不清。但在浑汤中有两种情况要区别对待，其一是红茶汤的"冷后浑"或称"乳凝现象"，这是咖啡碱与多酚类物质的氧化产物茶黄素及茶红素间形成的络合物，它溶于热水，而不溶于冷水，茶汤冷却后，络合物即可析出而产生"冷后浑"，这是红茶品质好的表现。还有一种现象是诸如高级碧螺春、都匀毛尖等细嫩多毫的茶叶，一经冲泡，大量茸毛便悬浮于茶汤中，造成茶汤混而不清，这其实也是表明此类茶叶品质好的现象。

（二）香气

香气是茶叶冲泡后随水蒸气挥发出来的气味。茶叶的香气受茶树品种、产地、季节、采制方法等因素影响，使得各类茶具有独特的香气风格，如红茶的甜香、绿茶的清香、青茶的花果香等。即使是同一类茶，也会因产地不同而表现出地域性香气特点。审评茶叶香气时，除辨别香型外，主要比较香气的纯异、高低和长短。

1. 纯异

"纯"指某茶应有的香气，"异"指茶香中夹杂有其他气味。香气纯要区别三种情况，即茶类香、地域香和附加香。茶类香指某茶类应有的香气，如绿茶要清香，黄大茶要有锅巴香，黑茶和小种红茶要松烟香，青茶要带花香或果香，白茶要有毫香，红茶要有甜香等。在茶类香中又要注意区别产地香和季节香。产地香即高山、低山、洲地之区别，一般高山茶香气高于低山茶。季节香即不同季节香气之区别，我国红、绿茶一般是春茶香气高于夏秋茶；秋茶香气又比夏茶好；大叶种红茶香气则是夏秋茶比春茶好。地域香即地方特有香气，如同是炒青绿茶的嫩香、兰花香、熟板栗香等。同是红茶有蜜香、橘糖香、果香和玫瑰花香等地域性香气。附加香是指外源添加的香气，如以茶用茉莉花、珠兰花、白兰花、桂花等窨制的花茶，不仅有茶叶香，而且还引入花香。

异气指茶香不纯或沾染了外来气味，轻的尚能嗅到茶香，重的则以异气为主。香气不纯如烟焦、酸馊、陈霉、日晒、水闷、青草气等，还有鱼腥气、木气、油气、药气等。但传统黑茶及小种红茶均要求具有松烟香气。

2. 高低

香气高低可以从以下几方面来区别，即浓、鲜、清、纯、平、粗。所谓"浓"指香气高，充沛有活力，刺激性强。"鲜"犹如呼吸新鲜空气，有醒神爽快感。"清"则清爽新鲜之感，其刺激性不强。"纯"指香气一般，无粗杂异味。"平"指香气平淡但无异杂气味。"粗"则感觉有老叶粗辛气。

3. 长短

长短即香气的持久程度。从热嗅到冷嗅都能嗅到香气，表明香气长，反之则短。

香气以高而长、鲜爽馥郁的好，高而短次之，低而粗为差。凡有烟、焦、酸、馊、霉、陈及其他异气的为低劣。

（三）滋味

滋味是评茶人的口感反应。茶叶是饮料，其饮用价值取决于滋味的好坏。审评滋味先要区别是否纯正，纯正的滋味可区别其浓淡、强弱、鲜、爽、醇、和。不纯的可区别其苦、涩、粗、异。

1. 纯正

纯正指品质正常的茶应有的滋味。"浓"指浸出的内含物丰富，有厚的感觉。"淡"则相反，指内含物少，淡薄无味。"强"指茶汤吮入口中感到刺激性或收敛性强。"弱"则相反，入口刺激性弱，吐出茶汤口中味平淡。"鲜"似食新鲜水果感觉，"爽"指爽口。"醇"表示茶味尚浓，回味也爽，但刺激性欠强。"和"

表示茶味平淡正常。

2. 不纯正

不纯正指滋味不正或变质有异味。其中苦味是茶汤滋味的特点，对苦味不能一概而论，应加以区别：如茶汤入口先微苦后回甘，这是好茶；先微苦后不苦也不甜者次之；先微苦后也苦又次之；先苦后更苦者最差。后两种味觉反映属苦味。"涩"似食生柿，有麻嘴、厚唇、紧舌之感。涩味轻重可从刺激的部位来区别，涩味轻的在舌面两侧有感觉，重一点的整个舌面有麻木感。一般茶汤的涩味，最重的也只在口腔和舌面有反映，先有涩感后不涩的属于茶汤味的特点，不属于味涩，吐出茶汤仍有涩味才属涩味。涩味一方面表示品质老杂，另一方面是夏秋季节茶的标志。"粗"指粗老茶汤味在舌面感觉粗糙。"异"属不正常滋味，如酸、馊、霉、焦味等。茶汤滋味与香气关系相当密切。评茶时凡能嗅到的各种香气，如花香、熟板栗香、青气、烟焦气味等，往往在评滋味时也能感受到。鉴别香气、滋味时可以互相辅证。一般来说，香气好，滋味也是好的。

（四）叶底

叶底即冲泡后剩下的茶渣。干茶冲泡时吸水膨胀，芽叶摊展，叶质老嫩、色泽、匀度及鲜叶加工合理与否，均可在叶底中暴露。看叶底主要依靠视觉和触觉，审评叶底的嫩度、色泽和匀度。

1. 嫩度

嫩度以芽及嫩叶含量比例和叶质老嫩来衡量。芽以含量多、粗而长的好，细而短的差。但应视品种和茶类要求不同而有所区别，如碧螺春细嫩多芽，其芽细而短、茸毛多。病芽和驻芽都不好。叶质老嫩可从软硬度和有无弹性来区别：手指欺压叶底柔软，放手后不松起的嫩度好；质硬有弹性，放手后松起表示粗老。叶脉隆起触手的为叶质老，叶脉不隆起、平滑不触手的为嫩。叶边缘锯齿状明显的为老，反之为嫩。叶肉厚软的为嫩，软薄者次之，硬薄者为差。叶的大小与老嫩无关，因为大的叶片嫩度好也是常见的。

2. 色泽

色泽主要看色度和亮度，其含义与干茶色泽相同。审评时掌握本茶类应有的色泽和当年新茶的正常色泽。如绿茶叶底以嫩绿、黄绿、翠绿明亮者为优；深绿较差；暗绿带青张或红梗红叶者次；青蓝叶底为紫色芽叶制成，在绿茶中认为品质差。红茶叶底以红艳、红亮为优；红暗、乌暗花杂者差。

3. 匀度

匀度主要从老嫩、大小、厚薄、色泽和整碎去看。上述因子都较接近，一致匀称的为匀度好，反之则差。匀度与采制技术有关。匀度是评定叶底品质的辅助因子，匀度好不等于嫩度好，不匀也不等于鲜叶老。匀不匀主要看芽叶组成和鲜叶加工合理与否。

审评叶底时，还应看茶叶叶张舒展情况，是否掺杂等。因为干燥温度过高会使叶底缩紧，泡不开、不散条的为差，叶底完全摊开也不好，好的叶底应具备亮、嫩、厚、稍卷等几个或全部因子。次的为暗、老、薄、摊等几个或全部因子，有焦片、焦叶的更次，变质叶、烂叶为劣变茶。

第三讲　术语解读

一、　各类茶通用术语

1. 干茶形状

显毫：茸毛含量较多。同义词：茸毛显露。

锋苗：芽叶细嫩，紧卷而有尖锋。

身骨：茶身轻重。

重实：身骨重，茶在手中有沉重感。

轻飘或轻松：身骨轻，茶在手中分量很轻。

匀整或匀齐或匀称：上中下三段茶的粗细、长短、大小较一致，比例适当，无脱档现象。

脱档：上下段茶多，中段茶少；或上段茶少，下段茶多，三段茶比例不当。

匀净：匀齐而洁净，不含梗、朴及其他夹杂物。

挺直：茶条匀齐，不曲不弯。

弯曲或钩曲：不直，呈钩状或弓状。

平伏：茶叶在盘中相互紧贴，无松起架空现象。

紧结：卷紧而结实。

紧直：卷紧而圆直。

紧实：松紧适中，身骨较重实。

肥壮或硕壮：芽叶肥嫩，身骨重。

壮实：尚肥嫩，身骨较重实。

粗实：嫩度较差，形粗大而尚重实。

粗松：嫩度差，形状粗大而松散。

松条或松泡：卷紧度较差。

松扁：不紧而呈平扁状。

扁块：结成扁圆形或不规则圆形带扁的团块。

圆浑：条索圆而紧结。

圆直或浑直：条索圆浑而挺直。

扁条：条形扁，欠圆浑。

扁直：扁平挺直。

肥直：芽头肥壮挺直，形状如针，满披茸毛。

短钝或短秃：茶条折断，无锋苗。

短碎：面张条短，下段茶多，欠匀整。

松碎：条松而短碎。

下脚重：下段中最小的筛号茶过多。

爆点：干茶上的突起泡点。

破口：折、切断口痕迹显露。

老嫩不匀：茶叶花杂，成熟叶与嫩叶混杂，叶色不一致，条形与嫩度不一致。

2. 干茶色泽

乌润：乌而油润。此术语适用于黑茶、红茶和乌龙茶干茶色泽。

油润：干茶色泽鲜活，光泽好。

枯燥：色泽干枯无光泽。

枯暗：色泽枯燥发暗。

枯红：色红而枯燥。用于乌龙茶时，多为"死青"、"闷青"、发酵过度或夏暑茶虫叶而形成的品质弊病。

调匀：叶色均匀一致。

花杂：叶色不一，形状不一或多梗、朴等茶类夹杂物。此术语也适用于叶底。

绿褐：绿中带褐。

青褐：褐中带青，此术语适用于黄茶和乌龙茶干茶色泽，以及压制茶干茶和叶底色泽。

黄褐：褐中带黄。此术语适用于黄茶和乌龙茶干茶的色泽，以及压制茶干茶和叶底的色泽。

翠绿：绿中显青翠。

灰绿：叶面色泽绿而稍带灰白色。为加工正常、品质较好之白牡丹和贡眉外形色泽；也为炒青绿茶长时间炒干所形成的色泽。

墨绿或乌绿或苍绿：色泽浓绿泛乌，有光泽。

暗绿：色泽绿而发暗，无光泽，品质次于乌绿。

3. 汤色

清澈：清净、透明、光亮、无沉淀物。

鲜明：新鲜明亮。

鲜艳：鲜明艳丽，清澈明亮。

深：茶汤颜色深。

浅：茶汤色浅似水。

浅黄：黄色较浅。此术语适用于白茶、黄茶和高档茉莉花茶汤色。

黄亮：黄而明亮，有深浅之分。此术语适用于黄茶和白茶的汤色以及黄茶叶底色泽。

橙黄：黄中微泛红，似橘黄色，有深浅之分。此术语适用于黄茶、压制茶、白茶和乌龙茶汤色。

明亮：茶汤清净透亮。也用于叶底色泽有光泽。

橙红：红中泛橙色。常用于青砖、紧茶等汤色。也适用于重做青乌龙茶汤色。

深红：红较深。适用于普洱熟茶和红茶汤色。

暗：茶汤不透亮。此术语也适用于叶底，指叶色暗沉无光泽。

红暗：红而深暗。

黄暗：黄而深暗。

青暗：色青而暗。为品质有缺陷的绿茶汤色，也用于品质有缺陷的绿茶、压制茶的叶底色泽。

混浊：茶汤中有大量悬浮物，透明度差。

沉淀物：茶汤中沉于碗底的物质。

4. 香气

高香：茶香高而持久。

馥郁：香气幽雅，芬芳持久。此术语适用于绿茶、乌龙茶和红茶香气。

鲜爽：新鲜爽快。此术语适用于绿茶、红茶的香气，以及绿茶、红茶和乌龙茶的滋味。也用于高档茉莉花茶滋味新鲜爽口，味中仍有浓郁的鲜花香。

嫩香：嫩茶所特有的愉悦细腻的香气。此术语适用于原料嫩度好的黄茶、绿茶、白茶和红茶香气。

鲜嫩：新鲜悦鼻的嫩茶香气。此术语适用于绿茶和红茶的香气。

清香：香清爽鲜锐，此术语适用于绿茶和轻做青乌龙茶的香气。

清高：清香高而持久，此术语适用于绿茶、黄茶和轻做青乌龙茶的香气。

清鲜：香清而新鲜，细长持久。此术语也适用于黄茶、绿茶、白茶和轻做青乌龙茶的香气。

清纯：香清而纯正，持久度不如清鲜。此术语适用于黄茶、绿茶、乌龙茶和白茶香气。

板栗香：似熟栗子香。此术语适用于绿茶和黄茶香气。

甜香：香高有甜感。此术语适用于绿茶、黄茶、乌龙茶和条形红茶香气。

毫香：白毫显露的嫩芽叶所具有的香气。

纯正：茶香不高不低，纯净正常。

平正：茶香平淡，但无异杂气。

足火：茶叶干燥过程中温度和时间掌握适当，其有该茶类良好的香气特征。

焦糖香：烘干充足或火功高，致使香气带有糖香。

闷气：沉闷不爽。

低：低微，但无粗气。

青气：带有青草或青叶气息。

松烟香：带有松脂烟香。此术语适用于黄茶、黑茶和小种红茶香气。

高火：微带烤黄的锅巴香。茶叶干燥过程中温度高或时间长而产生。

老火：茶叶干燥过程中温度过高，或时间过长而产生的似烤黄锅巴或焦糖香，火气程度重于高火。

焦气：火气程度重于老火，有较重的焦烟气。

钝浊：滞钝、混杂不爽。

粗气：粗老叶的气息。

陈气：茶叶陈化的气息。

劣异气：茶叶加工或贮存不当产生的劣变气息，或污染外来物质所产生的气息。如烟、焦、酸、馊、霉或其他异杂气。使用时应指明属何种劣异气。

5. 滋味

回甘：茶汤饮后在舌根和喉部有甜感，并有滋润的感觉。

浓厚：入口浓，刺激性强而持续，回甘。

醇厚：入口爽适甘厚，余味长。

浓醇：入口浓有刺激性，回甘。

甘醇或甜醇：味醇而带甜。此术语适用于黄茶、乌龙茶、白茶和条红茶滋味。

鲜醇：清鲜醇爽，回甘。

甘鲜：鲜洁有甜感。此术语适用于黄茶、乌龙茶和条红茶滋味。

醇爽：醇而鲜爽，毫味足。适用于芽叶较肥嫩的黄茶、绿茶、白茶和条形红茶滋味。

醇正：茶味浓度适当，清爽正常，回味带甜。

醇和：醇而平和，回味略甜。刺激性比醇正弱而比平和强。

平和：茶味正常、刺激性弱。

清淡：味清无杂味，但浓度低，对口、舌无刺激感。

淡薄或和淡或平淡：入口稍有茶味，无回味。

涩：茶汤入口后，有麻嘴厚舌的感觉。

粗：粗糙滞钝。

青涩：涩而带有生青味。

青味：茶味淡而青草味重。

苦：入口即有苦味，后味更苦。

熟味：茶汤入口不爽，带有蒸熟或焖熟味。

高火味：茶叶干燥过程中温度高或时间长而产生的微带烤黄的锅巴香味。

老火味：茶叶干燥过程中温度过高或时间过长而产生的似烤黄锅巴或焦煳的味、火气程度重于高火味。

焦味：火气程度重于老火味。茶汤带有较重的焦煳味。

陈味：茶叶陈变的滋味。

劣异味：茶叶加工或贮存不当产生的劣变味或污染外来物质所产生的味感，如烟、焦、酸、馊、霉或其他异杂味。使用时应指明属何种劣异味。

6. 叶底

细嫩：芽头多或叶子细小嫩软。

柔嫩：嫩而柔软。

肥嫩：芽头肥壮，叶质柔软厚实。此术语适用于绿茶、黄茶、白茶和红茶叶底嫩度。

柔软：手按如棉，按后伏贴盘底。

匀：老嫩、大小、厚薄、整碎或色泽等均匀一致。

杂：老嫩、大小、厚薄、整碎或色泽等不一致。

嫩匀：芽叶嫩而柔软，匀齐一致。

肥厚：芽或叶肥壮，叶肉厚，叶脉不露。

开展或舒展：叶张展开，叶质柔软。

摊张：老叶摊开。

粗老：叶质粗硬，叶脉显露。

皱缩：叶质老，叶面卷缩，起皱纹。

瘦薄：芽头瘦小，叶张单薄少肉。

硬：叶质较硬。

破：断碎、破碎叶片多。

鲜亮：鲜艳明亮。

暗杂：叶色暗沉、老嫩不一。

硬杂：叶质粗老、坚硬、多梗、色泽驳杂。

焦斑：叶张边缘、叶面或叶背有局部黑色或黄色烧伤斑痕。

二、 黄茶术语

1. 干茶形状

细紧：条索细长、紧卷而完整，锋苗好。此术语也适用于红茶和绿茶干茶形状。

扁直：扁平挺直。

肥直：芽头肥壮挺直，满坡白毫，形状如针。此术语适用于黄绿茶和白茶干茶形状。

梗叶连枝：叶大、梗长而相连。

鱼籽泡：干茶上有鱼籽大的突起泡点。

2. 干茶色泽

金黄光亮：芽头肥壮，芽色金黄，油润光亮。

嫩黄光亮：色浅黄，光泽好。

嫩黄：金黄中泛出嫩白色，同样适合高档黄茶的汤色和叶底色泽；也适用于绿茶干茶、汤色及叶底色泽，如安吉白茶等干茶、叶底特有色泽。

褐黄：黄中带褐，光泽稍差。

青褐：褐中带青。此术语也适用于压制茶干茶、叶底色泽和乌龙茶干茶色泽。

黄褐：褐中带黄。此术语也适用于乌龙茶干茶色泽和压制茶干茶、叶底色泽。

黄青：青中带黄。

3. 汤色

杏黄：汤色黄稍带淡绿。

橙黄：黄中微泛红，似橘黄色，有深浅之分。此术语也适用于压制茶、白茶和乌龙茶汤色。

黄亮：黄而明亮。有深浅之分。此术语也适用于黄茶叶底色泽和白茶汤色。

4. 香气

锅巴香：似锅巴的香。

嫩香：清爽细腻，有毫香。此术语也适用于绿茶、白茶和红茶香气。

清鲜：清香鲜爽，细而持久。此术语也适用于绿茶和白茶香气。

清纯：清香纯和。此术语也适用于绿茶、乌龙茶和白茶香气。

焦香：炒麦香强烈持久。

松烟香：带有松木烟香。此术语也适用于绿茶、黑茶和小种红茶特有的香气。

5. 滋味

甜爽：爽口而有甜味。

甘醇（甜醇）：味醇而带甜。此术语也适用于乌龙茶、白茶和条红茶滋味。

鲜醇：清鲜醇爽，回甘。此术语也适用于绿茶、白茶、乌龙茶和条红茶滋味。

6. 叶底

肥嫩：芽头肥壮，叶质柔软厚实。此术语也适用于绿茶、白茶和红茶叶底嫩底。

嫩黄：黄里泛白，叶质嫩度好，明亮度好。此术语也适用于黄色汤色和绿茶汤色、叶底色泽。

三、 黄茶感官审评常用术语

1. 外形评语

细紧：条索细长，紧卷完整，有锋苗。

肥直：全芽，芽头肥壮挺直，满披茸毫，形状如针，挺直肥硕。

梗叶连枝：叶大、梗长而相连。为霍山黄大茶外形特征。

鱼子泡：茶条表面有鱼子大的烫斑。

2. 干茶色泽

金镶玉：指芽头为金黄的底色，满披白色银毫。为君山银针特有的色泽。

金黄光亮：芽头肥壮，芽色金黄，油润光亮。

嫩黄：叶质柔嫩，色浅黄，光泽好。

褐黄：黄中带褐，光泽稍差。

黄褐：褐中带黄。

黄青：青中带黄。

3. 汤色评语

杏黄：浅黄略带绿，清澈明亮。

浅黄：汤色黄较浅，明亮。

深黄：色黄较深，但不暗。

橙黄：黄中泛红，似橘黄色。

4. 香气评语

清鲜：清香鲜爽，细而持久。

清高：清香高而持久。

清纯：清香纯正。

板栗香：似熟栗子香。

高爽焦香：似炒青香，浓烈持久。

松烟香：带松柴烟香。

5. 滋味评语

甜爽：爽口而有甜感。

醇爽：醇而可口，回味略甜。

鲜醇：鲜纯爽口，甜醇。

6. 叶底评语

肥嫩：芽头肥壮，叶质厚实。

嫩黄：色泽黄里泛白，叶质柔嫩，明亮度好。

黄亮：色黄而明亮。有浅黄、深黄之分。

黄绿：绿中泛黄。

四、 感官审评常用词

1. 常用名词

芽头：未发育成茎叶的嫩尖，质地柔软。

茎：尚未木质化的嫩梢。

梗：着生芽叶的已显木质化的茎，一般指当年青梗。

筋（毛衣）：脱去叶肉的叶柄、叶脉部分。

碎：呈颗粒状细而短的断碎芽叶。

夹片：呈折叠状的扁片。

单张：单片叶子。

片：破碎的细小轻薄片。

末：细小呈砂粒状或粉末状。

朴：叶质稍粗老或揉捻不成条，呈折叠状的扁片。

渥红：鲜叶堆放中，叶温升高而红变。

丝瓜瓤：黑茶加工中常因鲜叶堆放过高、时间过长、堆温升高致鲜叶变色，经揉制，后发酵，叶肉与叶脉分离，只留下叶脉的网络，形成丝瓜瓤。

麻梗：隔年老梗，粗老梗，麻白色。

剥皮梗：在揉捻过程中脱了皮的梗。

绿苔：新梢的绿色嫩梗。

上段：经摇样盘后，上层较轻、松、长大的茶叶，也称面装或面张。

中段：经摇样盘后，集中在中层较细紧、重实的茶叶，也称中档或腰档。

下段：经摇样盘后，沉积于底层细小的碎茶或粉末，也称下身或下盘。

中和性：香气不突出的茶叶，适于拼和。

2. 常用虚词

相当：两者相比，品质水平一致或基本相符。

接近：两者相比，品质水平差距甚小或某项因子略差。

稍高：两者相比，品质水平稍好或某项因子稍高。

稍低：两者相比，品质水平稍差或某项因子稍低。

较高：两者相比，品质水平较好或某项因子较高，其程度大于稍高。

较低：两者柑比，品质水平较差或某项因子较差，其程度大于稍低。

高：两者相比，品质水平明显地好或某项因子明显地好。

低：两者相比，品质水平差距大、明显地差或某项因子明显地差。

强：两者相比，其品质总水平要好些。

弱：两者相比，其品质总水平要差些。

微：在某种程度上很轻微时用。

稍或略：某种程度不深时用。

较：两者相比，有一定差距，其程度大于稍或略。

欠：在规格上或某种程度上不够要求，且差距较大时用。用在褒义词前。

有：表示某些方面存在。

显：表示某些方面比较突出。

第四讲　审评技法

茶叶品质的好坏、等级的划分、价值的高低，主要根据茶叶外形、香气、滋味、汤色、叶底等项目，通过感官审评来决定。感官审评分为干茶审评和开汤审评，俗称干看和湿看，即干评和湿评。一般来说，感官审评品质的结果应以湿评内质为主要根据，但因产销要求不同，也有以干评外形为主作为审评结果的。而且同类茶的外形内质不平衡、不一致是常有的现象，如有的内质好、外形不好，或者外形好、色香味未必全好，所以，审评茶叶品质应外形内质兼评。茶叶感官审评按外形、香气、汤色、滋味、叶底的顺序进行，现将一般评茶操作程序分述如下。

一、取样

评茶开始工作，首先就是要取样。取样有叫扦样、抽样和采样。就是从一批茶叶中扦取代表整批毛茶或者成品茶质量的最低数量的样茶，作为审评茶叶品质优劣与检验理化指标的依据。取样是否正确，能否代表全面、整批，是保证感官审评和理化指标检测结果准确与否的关键所在。

1. 取样条件

（1）取样环境　取样工作环境应满足食品卫生的有关规定。在清洁、干燥、光线充足的室内进行，避免阳光直射，防止外来杂质、异味混入样品。

（2）取样用具和盛器（包装袋）

取样用具：有开箱器、取样铲、有盖的专用茶箱、塑料布或软箩、分样器、分样筒或样罐。器具必须符合食品卫生的有关规定，即清洁、干燥、无锈、无异味。

盛器（包装袋）应能防潮、避光，尤其样罐或样筒密闭性应良好。

2. 取样分类

取样应用在收购、验收、供应、出口、检验等，总的可分为毛茶取样、成品茶取样两类。其中，毛茶取样方法有匀堆取样、逐袋取样、抽件取样等三种；成品茶取样方法有装箱前和装箱后两种，具体见表6-2。

表6-2　取样分类

取样对象	取样方法
毛茶	匀堆取样法 逐袋取样法 抽件取样法
成品茶	装箱前 装箱后

3. 取样件数规定

按国家技术监督局发布实施的 GB 8302—2002《茶取样》规定，具体见表6-3。

表6-3　取样件数

被抽件数	应抽样件数/件
1～5	1
6～50	2
51～500	每增加 50 件增取 1
501～1000	每增加 100 件增取 1
＞1000	每增加 500 件增取 1

4. 取样方法

毛茶取样应从被抽茶中的上中下及四周随机扦取。精茶是匀堆后装箱前，用取样铲在茶堆中各个部位多点铲取样茶，一般不少于 8 个点。被抽取的样茶，在拌匀后用四分法逐步减少茶叶数量，然后再用样罐装足审评茶的数量。检验用的试验样品应留有所需备份，以供复验或备查之用。商品茶标准取样方法见表6-4。

表 6-4　商品茶标准取样方法

样品规格		取 样 方 法
大包装	包装时取样	拟装若干件后，即如每批 1000 件以上，每装 50 件，则用取样铲取样 250g，置有盖专用茶箱混匀，采用分样法缩分至 500～1000g，为平均样，再分装与 2 个样罐，供检验
	包装后取样	整批茶叶包装完成后的堆垛中，随机抽取规定件数，逐渐开启，全部倒于塑料布（无味）上，用取样铲取样 250g，置有盖茶箱混匀，采用分样法缩分至 500～1000g，为平均样，分装于 2 个样罐，供检验
小包装	包装时取样	与大包装中包装时取样方法相同
	包装后取样	整批茶叶包装完成后的堆垛中，不同堆放位置随机抽取规定件数，逐件开启。从各件内不同位置处，取 2～3 盒（听、袋），所取样品保留数盒（听、袋）存放于居闭容器中，供单个检测。其余部分现场拆封，倒出茶叶，混匀，采用分样法缩分至 500～1000g，为平均样，分装于 2 个茶叶筒中，供检验

5. 样品处理

（1）装封　抽取的散茶样品，需尽快装进清洁、干燥密闭的容器内，装满为度，加盖后，用胶带纸封口；小包装茶或压制茶可用牢固、洁净、防潮、无异味的牛皮纸或胶合板箱装封，把样品固定。

（2）标签　每只样品的包装容器上，必须贴上标签，标明取样地点、品名、等级（茶号）、唛批号、产地、商标、取样日期、取样量、取样者姓名，以及其他有关交付的重要事项，如被取样单位有关人员签名、盖章等。

（3）样品发送　所抽取的样品，应及时送往相关的检验部门。

二、　摇盘

摇盘，俗称摇样匾或摇样盘，是审评干茶外形的首要操作步骤。审评干茶外形，依靠视觉、触觉而鉴定。因茶类、花色不同，外在的形状、色泽是不一样的。因此，审评时首先应查对样茶、判别茶类、花色、名称、产地等，然后扦取有代表性的样茶，审评毛茶需250～500g，精茶需200～250g。审评毛茶外形一般是将样茶放入篾制的样匾里，双手持样匾的边沿，运用手势作前后左右的回旋转动，使样匾里的茶叶均匀地按轻重、大小、长短、粗细等不同有次序地分布，然后把均匀分布在样匾里的毛茶通过反转顺转收拢集中成为馒头形，这样摇样匾的"筛"与"收"的动作，使毛茶分出上、中、下三层次。一般来说，比较粗长轻飘的茶叶浮在表面，叫面装茶，或称上段茶；细紧重实的集中于中层，叫中段茶，俗称腰档或肚货；体小的碎茶和片末沉积于底层，叫下身茶，或称下段茶。审评毛茶外形时，对照标准样，先看面装，后看中段，再看下身。看完面装茶后，拨开面装茶抓起放在样匾边沿，看中段茶，看后又用手拨在一边，再看下身茶。看三段茶时，根据外形审评各项因子对样茶评比分析确定等级时，要注意各段茶的比重，分析三层茶的品质情况（表6-5）。如面装茶过多，表示粗老茶叶多，身骨差；一般以中段茶多为好；如果下身茶过多，要注意是否属于本茶本末；条形茶或圆炒青如下段茶断碎片末含量多，表明做工、品质有问题。审评圆炒青外形时，除同样先有"筛"与"收"动作外，再有"剥"（切）或"抓"的操作。即用手掌沿馒头形茶堆面轻轻地像剥皮一样，一层一层的剥开，剥开一层，评比一层，一般剥三四次直到底层为止。操作时，手指要伸直，手势要轻巧，防止层次弄乱。最后还有一个"簸"的动作，在簸以前先把削好的各层毛茶向左右拉平，小心不能乱拉，然后将样匾轻轻地上下簸动3次，使样茶按颗粒大小从前到后依次均匀地铺满在样匾里。综合外形各项因子，对样评定干茶的品质优次。

此外，审评各类毛茶外形时，还应手抓一把干茶嗅干香及手测水分含量。审评精茶外形一般是将样茶倒入木质审评盘中，双手拿住审评盘的对角边沿，一手要拿住样盘的倒茶小缺口，同样用回旋筛转的方法使盘中茶叶分出上、中、下三层。一般先看面装和下身，然后看中段茶。看中段茶时将筛转好的精茶轻轻地抓一把到手里，再翻转手掌看中段茶品质情况，并权衡身骨轻重。看精茶外形的一般要求是：对样评比上、中、下三档茶叶的拼配比例是否恰当和相符，是否平伏匀齐不脱档。看红碎茶虽不能严格分出上、中、下三段茶，但样茶盘筛转后要对样评比粗细度、匀齐度和净度。同时抓一撮茶在盘中散开，使颗粒型碎茶的重实度和匀净度更容易区别。审评精茶外形时，各盘样茶容量应大体一致，便于评比。

表 6-5　摇盘技巧和效果要求

茶叶	用量	用具	动作	操作及审评技巧	效果要求
毛茶	250～500g	篾制样匾	筛、收	1. 双手持样匾边沿,手势前后左右回旋转动	应使茶叶按轻重、大小、长短、粗细等有次序分布于样匾中
				2. 再反转顺转收拢	使茶堆成为馒头形
				3. 先看面张(上层),后看中段(中层),再看下段(下层)。即先看完面张后,拨开面张,把茶放于样匾边沿看中段茶,看后又拨在一边再看下段,最后抓一把干茶嗅干茶香,手捏捻茶叶判测水分	使毛茶分上中下三层。即粗长轻飘的茶浮在表面,称面张茶或上段茶;细紧重实集中于中层,称中段茶;碎茶、片末沉积于底,称下段茶
精茶	200～250g	木质审评盘	摇、收	1. 双手拿住审评盘的对角边沿,其中一手拿住样盘的倒茶小缺口 2. 手势前后左右回旋转动 3. 先看面张、下段,然后看中段茶;其中看中段,将样(筛)盘转好茶堆后,轻轻抓一把到手里再翻转手掌看中段	要使茶叶分出上、中、下三层

三、 开汤

开汤，俗称泡茶或沏茶，为湿评内质重要步骤。开汤前应先将审评杯碗洗净、擦干，按号码次序排列在湿评台上。一般红茶、绿茶、黄茶、白散茶，称取样茶3g投入审评杯内（毛茶如用200ml容量的审评杯则称取样茶4g），杯盖应放入审评碗内，然后以沸滚适度的开水以慢—快—慢的方式冲泡满杯，泡水量应齐杯口一致。冲泡时第一杯起即应计时，并从低级茶泡起，随泡随加杯盖，盖孔朝向杯柄，4～5min时按冲泡次序将杯内茶汤滤入审评碗内。倒茶汤时，杯应卧搁在碗口上，杯中残余茶汁应完全滤尽。在日本，茶叶开汤时为了浸出时间和浸出浓度保持一致，合理地审评汤色和滋味，排列成一行的审评碗从右到左顺次盛开水，并分两次盛满，第一次盛到七成，第二次盛满。开汤后应先嗅香气，次看汤色，再尝滋味，后评叶底，审评绿茶有时应先看汤色。但收茶站审评毛茶内质，除特种茶外，一般是以叶底为主，香味、汤色作为参考，一般只要求正常。

四、 嗅香气

香气是依靠嗅觉而辨别。鉴评茶叶香气是通过泡茶使其内含芳香物质得到挥发，挥发性物质的气流刺激鼻腔内嗅觉神经，出现不同类型不同程度的茶香。嗅觉感受器是很敏感的，直接感受嗅觉的是嗅觉小胞中的嗅细胞。嗅细胞的表面为水样的分泌液所湿润，俗称鼻黏膜黏液，嗅细胞表面为负电性，当挥发性物质分子吸附到嗅细胞表面后就使表面的部分电荷发生改变而产生电流，使嗅神经的末梢接受刺激而兴奋，传递到大脑的嗅区而产生了香的嗅感。

嗅香气应一手拿住已倒出茶汤的审评杯，另一手揭开杯盖，靠近杯沿用鼻轻嗅或深嗅，也有将整个鼻部深入杯内接近叶底以增加嗅感。为了正确判别香气的类型、高低和长短，嗅时应重复一两次，但每次嗅的时间不宜过久，因嗅觉易疲劳，嗅香过久，嗅觉失去灵敏感，一般是3s左右。另外，杯数较多时，嗅香时间拖长，冷热程度不一，就难以评比。每次嗅评时都将杯内叶底抖动翻个身，在未评定香气前，杯盖不得打开。

嗅香气应以热嗅、温嗅、冷嗅相结合进行。热嗅重点是辨别香气正常与否、香气类型及高低。但因茶汤刚倒出来，杯中蒸汽分子运动很强烈，嗅觉神经受到烫的刺激，敏感性受到一定的影响。因此，辨别香气的优次还是以温嗅为宜，准确性较大。冷嗅主要是了解茶叶香气的持久程度，或者在评比当中有两种茶的香气在温嗅时不相上下，可根据冷嗅的余香程度来加以区别。审评茶叶香气最适合的叶底温度是55℃左右，超过65℃时感到烫鼻，低于30℃时茶香低沉，特别对染有烟气、木气等异气茶随热气而挥发。凡一次审评若干杯茶叶香气时，为了区别各杯茶的香气，嗅评后分出香气的高低，把审评杯作前后移动，一般将香气好的往前推，次的往后摆，此项操作称为香气排队，审评香气不宜红、绿茶同时进行。审评香气时还应避免外界因素的干扰，如抽烟、擦香脂、用香皂洗手等都会影响鉴别香气的准确性。我国各地收茶站审评毛茶的香气，有时用竹筷从碗中夹取浸泡叶，接近鼻孔嗅香。在日本审评香气时亦用构掬取茶叶，接近鼻孔辨别香气，认为在茶水高温时查其缺陷，温度降低后再查其特色。在印度及斯里兰卡等国家亦认为热嗅香气最好。热嗅能清楚地辨别大吉岭和斯里兰卡高山茶特殊的高香，同时，因制造不当而产生的各种怪异气都可在叶底上热嗅出来。

嗅香气应注意七点事项：一是未评定前，不得将杯盖打开；二是当叶底温度在55℃左右时为嗅香的最适合温度；三是嗅香时应重复一两次；四是嗅程3s左右；五是嗅香气时需进行排队，即按香气高低，把审评杯前后移动，香气好的推向前，次的移至后；六是红、绿茶审评香气不宜同时进行；七是避免外界气味等因素干扰。

五、　看汤色

汤色靠视觉审评。茶叶开汤后，茶叶内含成分溶解在沸水中的溶液所呈现的色彩，称为汤色，又称水色，俗称汤门或水碗。审评汤色要及时，因茶汤中的成分和空气接触后很容易发生变化，所以有的把评汤色放在嗅香气之前。汤色易受光线强弱、茶碗规格、容量多少、排列位置、沉淀物多少、冲泡时间长短等各种外因的影响。冬季评茶，汤色随汤温下降逐渐变深；若在相同的温度和时间内，红茶色变大于绿茶，大叶种大于小叶种，嫩茶大于老茶，新茶大于陈茶，在审评时应引起足够注意。如果各碗茶汤水平不一，应加调整。如茶汤混入茶渣残叶，应以网丝匙捞出，用茶匙在碗里打一圆圈，使沉淀物旋集于碗中央，然后开始审评，按汤色性质及深浅、明暗、清浊及沉淀物多少等评比优次。

看汤色主要有三种技巧，一是开汤后，即汤温在 45～55℃ 时看汤色，并在 10min 内观察完毕；二是从审评杯倒入审评碗中的茶汤量，深浅水平要一致，各碗茶汤容量应一样；三是茶汤中混有茶渣残叶时，应用茶网捞出，同时用茶匙在碗里打圆圈，使沉淀物集中于碗中，或把有茶渣的茶碗茶汤倒入新的茶碗，以除去茶渣，方可看茶汤，并交换茶碗位置，反复比对。

六、 尝滋味

滋味是由味觉器官来区别的。茶叶是一种风味饮料，不同茶类或同一茶类而产地不同的，都各有独特的风味或味感特征，良好的味感是构成茶叶质量的重要因素之一。茶叶不同味感是因茶叶的呈味物质的数量与组成比例不同而异。味感有甜、酸、苦、辣、鲜、涩、咸、碱及金属味等。味觉感受器是满布舌面上的味蕾，味蕾接触到茶汤后，立即将受到刺激的兴奋波经过传入神经传导到中枢神经，经大脑综合分析后，呈现不同的味觉。舌各部分的味蕾对不同味感的感受能力不同。如舌尖最易为甜味所兴奋，舌的两侧前部最易感觉咸味，舌两侧后部为酸味所兴奋，舌心对鲜味、涩味最敏感，近舌根部位则易被苦味所兴奋。

审评滋味应在评汤色后立即进行，茶汤温度要适宜，一般以50℃左右较适合评味要求。如茶汤太烫时评味，味觉受强烈刺激而麻木，影响正常评味。如茶汤温度低了，味觉受两方面因素影响，一是味觉尝温度较低的茶汤灵敏度差，二是茶汤中对滋味有关的物质溶解在热汤中多，随着汤温下降，原溶解在热汤中的物质逐步被析出，汤味由协调变为不协调。评茶味时用瓷质汤匙从审评碗中取一浅匙吮入口内，由于舌的不同部位对滋味的感觉不同，茶汤入口在舌上循环滚动，才能正确地较全面地辨别滋味。尝味后的茶汤一般不宜咽下，尝第二碗时，匙中残留茶液应倒尽或在白开水汤中漂净，不致互相影响。审评滋味主要按浓淡、强弱、鲜滞及纯异等评定优次。在国外，认为在口里尝到的香味是茶叶香气最高的表现。为了正确评味，在审评前最好不吃有强烈刺激味觉的食物，如辣椒、葱蒜等，并不宜吸烟，以保持味觉和嗅觉的灵敏度。

评滋味时应掌握六种技巧：一是茶汤温度。适合评茶要求的茶汤温度是 45～55℃。二是茶汤数量，每次用瓷质茶匙从审评碗中取茶汤恰好是 4～5ml（约 1/2 匙）。三是尝味时间。茶汤被送入口内，在舌的中部回旋 2 次即可，一般适合时间是 3～4s，需尝 2～3 次。对滋味很浓的茶汤，尝味 2～3 次后，需用温开水漱口，把舌苔上的高浓度的腻滞物洗去后再复评，否则会麻痹味觉，达不到评味的目的。四是吸茶汤的速度。从汤匙里吸茶汤要自然，速度不能太快，也不能太用力吸。五是舌的姿态。把茶汤吸入嘴内后，舌尖顶住上颚门齿，嘴唇微微张开，舌稍向上抬，使茶汤摊在舌的中部，再用口慢慢吸入空气，茶汤在舌面上微微滚动，连吸 2 次气后，辨出滋味，即闭上嘴，鼻孔排气，吐出茶汤。若初感有苦味的茶汤，应抬高舌位，把茶汤压入舌的基部，进一步评定苦的程度。六是对疑有烟味的茶汤，茶汤送入口中，嘴巴闭合，用鼻孔吸气，把口腔鼓大，使空气与茶汤充分接触后，再由鼻孔把气放出，这样来回 2～3 次，效果较好。审评滋味主要按浓淡、强弱、爽涩、鲜滞及纯异等内容评定优次。

七、　评叶底

评叶底是将杯中冲泡过的茶叶倒入叶底盘或放入审评盖的反面，

也有放入白色搪瓷漂盘里，倒时要注意把细碎黏在杯壁杯底和杯盖的茶叶倒干净，用叶底盘或杯盖的先将叶张拌匀、铺开、摊平，观察其嫩度、匀度和色泽的优次。如感到不够明显时，可在盘里加茶汤摊平，再将茶汤徐徐倒出，使叶底平铺看或翻转看，或将叶底盘反扣倒在桌面上观察。用漂盘看则加清水漂叶，使叶张开，漂在水中观察分析。评叶底时，要充分发挥眼睛和手指的作用，手指按叶底的软硬、厚薄等，再看芽头和嫩叶含量、叶张卷摊、光糙、色泽及均匀度等，区别好坏。评叶底主要以芽与嫩叶含量，叶质老嫩程度，叶张卷摊、光糙、整碎、净度、色泽和均匀度等内容评定优次。

审评茶叶的十大技能见表 6-6。

表 6-6　评茶十大技能

序号	程序	要求	技能
1	扦样	科学、公正、全面，并有正确性和代表性	对角线取样法、分段取样法、随机取样法、分样器取样法
2	摇盘	旋转平稳，上、中、下三段茶分清	运用双手前后左右回旋转动，"筛"、"收"相结合
3	看外形	全面仔细，上、中、下三段茶都要看	手法有"抓"、"削"、"簸"，有筛选法和直观法。还有一种必须经过训练，方法是：在摇盘到位的前提下，用双手握住盘的两边，用力簸茶（必须一次成功），三段茶则均匀分布在茶盘中，可清楚地看到三段茶的粗细、长短、数量等状况
4	开汤	准确称样，注入沸水，容量一致，水满至杯口	用三个指头（大拇指、食指、中指）要上、中、下三段茶都取到茶样，并基本做到一次扦量成功；冲水速度慢—快—慢
5	热嗅香气	辨别出香气正常与否、香气类型及高低	一手握杯柄，一手按杯盖头，上下轻摇几下，开盖嗅香。时间 2～3s
6	看汤色	碗中茶汤一致，无茶渣，沉淀物集中于碗中央	先用茶网捞出茶渣，沿碗壁打一圆圈，看汤色，再交换位置，看汤色，反复比对
7	闻嗅香气	辨别出香气的优劣	同热嗅香气

续表

序号	程序	要求	技能
8	尝滋味	茶汤温度45～55℃,茶汤量4～5ml,尝滋味时间3～4s,需尝2次,吸茶汤速度要自然,速度不要太快	茶汤入口后在舌头上微微巡回滚动,吸气辨出滋味,即闭嘴,由鼻孔中排气,吐出茶汤
9	冷嗅香气	辨别出香气持久程度或余香多少	同热嗅香气
10	看叶底	观察嫩度、整碎、色泽及开展的程度	把叶底倒入杯盖、叶底盘或漂盘中,眼看,手摸

八、　审评结果

(一)　黄茶审评记分

1. 级别判定

对照一组标准样品,比较未知茶样品与标准样品之间某一级别在外形和内质的相符程度(或差距)。首先,对照一组标准样品的外形,从外形的形状、嫩度、色泽、整碎和净度五个方面综合判定未知样品等于或约等于标准样品中的某一级别,即定为该未知样品的外形级别;然后从内质的汤色、香气、滋味与叶底四个方面综合判定未知样品等于或约等于标准样品中的某一级别,即定为区分该未知样品的内质级别。成品黄茶审评因子见表6-7。

未知样品最后的级别判定结果计算公式:

$$未知样品的级别=(外形级别+内质级别)/2$$

表6-7　成品黄茶审评因子

茶类	外形				内质			
	形状 A_1	整碎 B_1	净度 C_1	色泽 D_1	香气 E_1	汤色 F_1	滋味 G_1	叶底 H_1
黄茶								

注:"×"为非审评因子。

2. 合格判定

（1）评分　以成交样品或（贸易）标准样品相应等级的色、香、味、形的品质要求为水平依据，按规定的审评因子（大多数为八因子）和审评方法，将生产样品对照（贸易）标准样品或成交样品逐个对比审评。判断结果按"七档制"方法进行评分（表6-8）。

表6-8　七档制审评方法

七档制	评分	说明
高	+3	差异大,明显好于标准样品
较高	+2	差异较大,好于标准样品
稍高	+1	仔细辨别才能区分,稍好于标准样品
相当	0	标准样品或成交样品的水平
稍低	−1	细辨别才能区分,稍差于标准样品
较低	−2	差异较大,差于标准样品
低	−3	差异大,明显差于标准样品

（2）结果计算　审评结果计算公式：

$$Y = A_1 + B_1 + C_1 + D_1 + E_1 + F_1 + G_1 + H_1$$

式中　　　　　　　　　　　　　　Y——茶叶审评总得分；

A_1、B_1、C_1、D_1、E_1、F_1、G_1、H_1——各审评因子的得分。

（3）结果判定　任何单一审评因子中的−3分者判为不合格；总得分≤3分者为不合格。

3. 评分

评分即是根据茶叶品质给被审评的茶叶评定分数。茶叶品质顺序的排列样品应在两个以上，评分前工作人员对茶样进行分类、密码编号，审评人员在不了解茶样的来源、密码条件下进行盲评，根据审评知识与品质标准，按外形、汤色、香气、滋味和叶底"五因子"，在公平、公正条件下给每个茶样每项因子进行评分，并加注评语，评语应引用GB/T 14487中的术语。评分的方法一般采用百分制，但是不给满分。各茶类具体的评分标准见表 6-9，按其各因子的品质特征分别给分。

表 6-9　黄茶品质因子评分标准

因子	级别	给分
外形	甲	94±4
	乙	84±4
	丙	74±4
汤色	甲	94±4
	乙	84±4
	丙	74±4
香气	甲	94±4
	乙	84±4
	丙	74±4
滋味	甲	94±4
	乙	84±4
	丙	74±4
叶底	甲	94±4
	乙	84±4
	丙	74±4

茶叶品质因子评分系数，是表示茶叶各项审评因子的品质比率，又称为茶叶品质因子的权数。不同茶类因审评侧重点不同，因而评分系数也不同。GB/T 23776—2009 对黄茶各因子评分系数见表 6-10。黄茶品质因子评分标准及相应评语见表 6-11。

表 6-10　黄茶品质因子评分系数（权数）

茶类	外形	汤色	香气	滋味	叶底
黄茶	25%	10%	25%	30%	10%

评分计算公式：

评定分数=各项给分（按百分制给分）×加权数之和÷总加权数

表 6-11　黄茶品质因子评分标准及相应评语

因子	档次	品质特征	给分	评分系数
外形 （a）	甲	细嫩，以单芽到一芽二叶初展为原料，造型美，有特色，色泽嫩黄或金黄、油润，匀整，净度好	90～99	25%
	乙	较细嫩，造型较有特色，色泽褐黄或绿带黄，较油润，尚匀整，净度较好	80～89	
	丙	嫩度稍低，造型特色不明显，色泽暗褐或深黄，欠匀整，净度尚好	70～79	
汤色 （b）	甲	嫩黄明亮	90～99	10%
	乙	尚黄明亮或黄明亮	80～89	
	丙	深黄，或绿黄欠亮，或浑浊	70～79	
香气 （c）	甲	嫩香或嫩栗香，有甜香	90～99	25%
	乙	高爽、较高爽	80～89	
	丙	高纯、熟闷、老火	70～79	
滋味 （d）	甲	醇厚甘爽、醇爽	90～99	30%
	乙	浓厚或尚浓厚，较爽	80～89	
	丙	尚醇、浓涩	70～79	
叶底 （e）	甲	细嫩多芽，嫩黄明亮、匀齐	90～99	10%
	乙	嫩匀，黄明亮、尚匀齐	80～89	
	丙	尚嫩、黄尚明、欠匀齐	70～79	

4. 结果评定

在审评茶叶得出评分和评分系数后，对茶叶审评的每个项目都分别计分，再分别与相应的品质系数相乘，其结果即为该项目实际得分。各项目实际得分之和，就是所评茶叶所得总分。如遇分数相同者，则按照"滋味、外形、香气、汤色、叶底"的次序比较单一因子得分的高低，高者居前。

评分计算公式：

黄茶评定分数＝外形（a）×25％＋汤色（b）×10％＋香气（c）×25％＋滋味（d）×30％＋叶底（e）×10％

（二）审评报告

审评时至少要有两个审评人员，最好配备记录人员，随审评程序的进行而逐项记录好各因子的评语及评分。审评结束后，审评人员要及时完成审评检验报告（见表6-12）。一般审评报告包括以下几项内容：

表 6-12　茶叶感官审评报告

收样日期：		茶样编号：		检验性质：	
茶样名称：		级　　别：		生产单位：	
抽样比例：		生产批号：		生产日期	
项目	品质因子	评语		评分	备注
干评	外形				
湿评内质	香气				
	汤色				
	滋味				
	叶底				
对照样名称或茶号					

记录人：　　　　　　　审评人：　　　　　　　复核：

审评时间：　　　　　　审评单位：

① 收样日期，茶样编号；

② 检验性质（统检、抽检、委检、送检、自检等）；

③ 茶样名称（茶号），级别，生产单位，抽样比例，生产批号和生产日期；

④ 对照样（标准样或参考样）的名称（茶号）、年份；

⑤ 各项因子的评语、评分及评定结果；

⑥ 评茶人员、记录人员、复核人员的姓名；

⑦ 审评时间、审评单位。

微博神聊 ⌄

　　用图文并茂的微信（微博）形式说明"黄茶冲泡技法与感官评审方法之间关系"，并将该条微信（微博）发到朋友圈（微博空间）与大家交流。

模块七

理化检验

茶叶理化检验是应用物理、化学的方法和手段检测成品茶、半成品茶及茶制品的物理性状和化学成分含量的技术措施，包括物理检验和化学检验。物理检验是指用物理方法来检测茶叶品质和维护茶叶质的一种技术手段；按照我国相关标准规定，茶叶物理检验有粉末和碎茶含量检验、茶叶包装检验、茶叶夹杂物含量检验和茶叶衡量检验等，属法定物理检验项目。其他未经相关标准规定的项目。但在一定程度上能反映茶叶品质，如干茶容重、比容检验、茶汤比色等，属一般物理检验范畴。化学检验系采用化学方法检测茶叶内含成分以确定其产品是否符合质量要求和饮用需求的一种技术手段；内容包括特定化学检验、一般化学检验、农药残留检验以及重金属检验等。为保证茶叶检验结果的准确性和重现性，国家标准中规定了统一检验方法，它既要从我国茶叶生产和对外贸易的实际情况出发，起到促进生产和管制品质的作用，又要考虑到国际茶叶检验标准和方法的水平，以利茶叶出口贸易正常进行。

第一讲 法定检验

一、茶取样（GB/T 8302—2013）

1. 范围

规定了茶叶取样的基本要求、取样条件、取样工具、取样方法、样品的包装和标签、样品运送、取样报告单等内容；适用于各类茶叶的取样。

2. 术语与定义

下列术语与定义适用于本文件。

2.1　批：品质一致并在同一地点、同一期间内加工包装的茶叶。

注：每批茶叶应具有相同的茶类、花色、等级、茶号、包装规格和定量包装净含量。

2.2　原始样品：从一批产品的单个容器内取出的样品。

2.3　混合样品：全部原始样品的集合。

2.4　平均样品：将混合样品充分混合并逐次缩分至规定数量的样品。

注：平均样品代表该批茶叶的品质。

2.5　试验样品：按各检验项目的规定，从平均样品中分取一定数量作为分析、试验用的样品。

3. 基本要求

应用统一的方法和步骤，抽取能充分代表整批茶叶品质的样品。

4. 取样条件

4.1　取样工作环境应满足食品卫生的有关规定，防止外来杂质混入样品。

4.2　取样用具和盛器（包装袋）应符合食品卫生的有关规定，即清洁、干燥、无锈、无异味；盛器（包装袋）应能防潮、避光。

5. 取样工具和器具

取样时应使用下列工具和器具：

5.1　开箱器；

5.2　取样铲；

5.3　有盖的专用茶箱；

5.4　塑料布；

5.5　分样器；

5.6　茶样罐、包装袋。

6. 取样方法

6.1　大包装茶取样

6.1.1　取样件数

6.1.1.1　取样件数按下列规定：

1～5 件，取样 1 件；

6～50 件，取样 2 件；

51～500 件，每增加 50 件（不足 50 件者按 50 件计）增取 1 件；

501～1000 件，每增加 100 件（不足 100 件者按 100 件计）增取 1 件；

1000 件以上，每增加 500 件（不足 500 件者按 500 件计）增取 1 件。

6.1.1.2　随机取样：采用随机取样的方法，用随机数表，随机抽取需取样的茶叶件数，如没有该表，可采用下列方法：设 N 是一批中的件数，n 是需要抽取的件数，取样时可以从任一件开始计数，按 1，2，3，…，r，$r = N/n$（如果 N/n 不是整数，便取其整数部分为 r），挑选 r 件作为茶叶样品，继续数并挑出每个 r 件，直到取得所需的件数为止。

6.1.2　取样步骤

6.1.2.1　包装时取样：即在产品包装过程中取样。在茶叶定量装件时，抽取规定的件数后，用取样铲取出样品约 250g。所取的原始样品盛于有盖的专用茶箱中，然后混匀，用分样器或四分法逐步缩分至 500～1000g，作为平均样品，分装于两个茶样罐中，供检验用。检验用的试验样品应有所需的备份，以供复验或备查之用。

6.1.2.2　包装后取样：即在产品成件、打包、刷唛后取样。在整批茶叶包装完成后的堆垛中，从不同堆放位置随机抽取规定的件数。逐件开启后，分别将茶叶全部倒在塑料布上，用取样铲各取出有代表性的样品约250g，置于有盖的专用茶箱中，混匀。用分样器或四分法逐步缩分至500～1000g，作为平均样品，分装于两个茶样罐中，供检验用。检验用的试验样品应有所需的备份，以供复验或备查之用。

6.2　小包装茶取样

6.2.1　取样件数：按照6.1.1.1的规定取样（取样总质量未达到平均样品的最小质量值时，应增加抽样件数，以达到6.1.2的规定）。

6.2.2　取样步骤

6.2.2.1　包装时取样：按照6.1.2.1的规定取样。

6.2.2.2　包装后取样：在整批包装完成后的堆垛中，从不同堆放位置随机抽取规定的件数，逐件开启。从各件内不同位置处，取出2～3盒（听、袋）。所取样品保留数盒（听、袋），盛于防潮的容器中，供进行单个检验。其余部分现场拆封，倒出茶叶混匀，再用分样器或四分法逐步缩分至500～1000g，作为平均样品，分装于两个茶样罐中，供检验用。检验用的试验样品应有所需的备份，以供复验或备查之用。

6.3　紧压茶取样

6.3.1　取样件数：按照6.1.1.1的规定取样。

6.3.2　取样步骤

6.3.2.1　沱茶取样：随机抽取规定件数，每件取1个（约100g），在取得的总个数中，随机抽取6～10个作为平均样品，分装于两个茶样罐或包装袋中，供检验用。

6.3.2.2　砖茶、饼茶、方茶取样：随机抽取规定的件数，逐件开启，从各件内不同位置处，取出1～2块。在取得的总块数中，单块质量在500g以上的，留取2块；500g及500g以下的，留取4块。分装于两个包装袋中，供检验用。检验用的试验样品应有所需的备份，以供复验或备查用。

6.3.2.3　捆包的散茶取样：随机抽取规定的件数，从各件的上、中、下部取样，再用分样器或四分法缩分至 500～1000g，作为平均样品，分装于两个茶样罐或包装袋中，供检验用。检验用的试验样品应有所需的备份，以供复验或备查之用。

7. 样品的包装和标签

7.1　样品的包装：所取的平均样品应迅速装在符合 4.2 规定的茶样罐或包装袋内，并贴上封样条。

7.2　样品标签：每个样品的茶样罐或包装袋上都应有标签，详细标明样品名称、等级、生产日期、批次、取样基数、产地、样品数量、取样地点、日期、取样者的姓名及所需说明的重要事项。

8. 样品运送

所取的平均样品应及时发往检验部门，最迟不超过 48h。

9. 取样报告单

报告单一式三份，应写明容器或包装袋的外观，以及影响茶叶品质的各种因素，包括下列内容：

① 取样地点；

② 取样日期；

③ 取样时间；

④ 取样者姓名；

⑤ 取样方法；

⑥ 取样时样品所属单位盖章或证明人签名；

⑦ 品名、规格、等级、产地、批次、取样基数；

⑧ 样品数量及其说明；

⑨ 包装质量；

⑩ 取样包装时的气候条件。

二、 茶粉末和碎茶含量测定 （GB/T 8311—2013）

1. 范围

规定了对茶叶中粉末和碎茶含量测定的仪器和用具、试样制备、测定方法及结果计算方法；适用于茶叶中粉末和碎茶含量的测定。

2. 引用标准

下列标准所包含的条文，通过在本标准中引用而构成为本标准的条文。本标准出版时，所示版本均为有效。所有标准都会被修订，使用本标准的各方应探讨使用下列标准最新版本的可能性。

GB/T 8302　茶　取样

3. 术语与定义

下列术语与定义适合本文件。

粉末和碎茶：按一定的操作规程，用规定的转速和孔径筛，筛分出各种茶叶试样中的筛下物。

4. 仪器和用具

4.1　分样器和分样板或分样盘（盘两对角开有缺口）。

4.2　电动筛分机：转速 200r/min±10 r/min，回旋幅度 60mm±3mm。

4.3　检验筛：铜丝编织的方孔标准筛，筛子直径 200mm，具筛底和筛盖。

4.3.1　粉末筛

a）孔径 0.63mm（用于条、圆形茶）；

b）孔径 0.45mm（用于碎形茶和粗形茶）；

c）孔径 0.23mm（用于片形茶）；

d）孔径 0.18mm（用于末形茶）。

4.3.2　碎茶筛

a）孔径 1.25mm（用于条、圆形茶）；

b）孔径 1.60mm（用于粗形茶）。

注：①条、圆形茶系指工夫红茶、小种红茶、红碎茶中的叶茶、珍眉、贡熙、珠茶等紧结条、圆形茶；②粗形茶系指铁观音、色种、乌龙、水仙、奇种、白牡丹、贡眉、普洱散茶等粗大、松散形茶。

5. 试样制备

5.1　取样：按 GB/T8302 的规定取样。

5.2　分样：可采用四分法或分样器分样。

5.2.1　四分法：将试样置于分样盘中，来回倾倒，每次倒时应使试样均匀洒落盘中，呈宽、高基本相等的样堆。将茶堆十字分割，取对角两堆样，充分混匀后，即成两份试样。

5.2.2　分样器分样：将试样均匀倒入分样斗中，使其厚度基本一致，并不超过分样斗边沿。打开隔板，使茶样经多格分隔槽，自然洒落于两边的接茶器中。

6. 测定方法

6.1　毛茶：称取充分混匀的试样 100g（准确至 0.1g），倒入孔径 1.25mm 筛网上，下套孔径 1.12mm 筛，盖上筛盖，套好筛底，按下起动按钮，筛动 150 转。待自动停机后，取孔径 1.12mm 筛的筛下物，称量（准确至 0.1g），即为碎末茶含量。

6.2　精制茶

6.2.1　条、圆形茶：称取充分混匀的试样 100g（准确至 0.1g），倒入规定的碎茶筛和粉末筛的检验套筛内，盖上筛盖，按下启动按钮，筛动 100 转。将粉末筛的筛下物称量（准确至 0.1g），即为粉末含量。移去碎茶筛的筛上物，再将粉末筛筛面上的碎茶重新倒入下接筛底的碎茶筛内，盖上筛盖，放在电动筛分机上，筛动 50 转。将筛下物称量（准确至 0.1g），即为碎茶含量。

6.2.2　粗形茶：称取充分混匀的试样 100g（准确至 0.1g），倒入规定的碎茶筛和粉末筛的检验套筛内，盖上筛盖，筛动 100 转。将粉末筛的筛下物称量（准确至 0.1g），即为粉末含量。再将粉末筛面上的碎茶称量（准确至 0.1g），即为碎茶含量。

6.2.3　碎、片、末形茶：称取充分混匀的试样 100g（准确至 0.1g），倒入规定的粉末筛内，筛动 100 转。将筛下物称量（准确至 0.1g），即为粉末含量。

7. 结果计算

7.1　计算公式

茶叶碎末茶或粉末含量分数按式（1）计算

$$碎末茶或粉末含量(\%)＝m_1/m×100\% \tag{1}$$

式中　m_1——筛下粉末或碎茶质量，g；

　　　m——试样质量，g。

7.2　重复性

7.2.1　当测定值小于或等于 3% 时，同一样品的两次测定值之差不得超过 0.2%；若超过，需重新分样检测。

7.2.2　当测定值在大于 3%，小于或等于 5% 时，同一样品的两次测定值之差不得超过 0.3%，否则需重新分样检测。

7.2.3　当测定值大于 5% 时，同一样品的两次测定值之差不得超过 0.5%，否则，需重新分样检测。

7.3　平均值计算：将未超过误差范围的两测定值平均后，再按数值修约规则修约至小数点后一位数，即为该试样的实际碎末、粉末或碎末茶含量。

8. 试验报告

试验报告应包括下列内容：

① 使用的方法；

② 测定的结果；

③ 本标准中未规定的或另加的操作；

④ 试样的名称和编号；

⑤ 试验日期、检验人员。

三、 茶　磨碎试样的制备及其干物质含量测定

（GB/T 8303—2013）

1. 范围

规定了制备茶叶磨碎试样和测定其干物质含量的方法；适用于以干态表示结果的分析测定。

2. 引用标准

下列标准所包含的条文，通过在本标准中引用而构成为本标准的条文。本标准出版时，所示版本均为有效。所有标准都会被修订，使用本标准的各方应探讨使用下列标准最新版本的可能性。

GB/T 8302　茶　取样

GB/T 8304　茶　水分测定

3. 术语与定义

下列术语与定义适用于本文件。

干物质：磨碎试样在规定的温度下加热至恒重所剩余的物质。

4. 原理

磨碎样品，并在规定温度下用电热恒温干燥箱加热除去水分至恒重，称量。

5. 仪器和用具

实验室常规仪器及下列各项：

5.1　磨碎机：由不吸收水分的材料制成；死角尽可能小，易于清扫；使磨碎样品能完全通过孔径为 $600 \sim 1000 \mu m$ 的筛。

5.2　样品容器：可用棕色玻璃样品瓶或金属样盒，应清洁、干燥、密闭；用不与样品起反应的材料制成；大小能装满磨碎样

为宜。

5.3 铝质或玻质烘皿：具盖，内径 75～80mm。

5.4 鼓风电热恒温干燥箱：能自动控制温度±2℃。

5.5 干燥器：内装有效干燥剂。

5.6 分析天平：感量 0.001g。

6. 磨碎试样制备

6.1 取样：按 GB/T 8302 的规定取样。

6.2 试样制备

6.2.1 紧压茶以外的各类茶：先用磨碎机（5.1）将少量试样磨碎，弃去，再磨碎其余部分，作为待测试样。

6.2.2 紧压茶：用锤子和凿子将紧压茶分成 4～8 份，再在每份不同处取样，用锤子击碎，混匀，按 6.2.1 规定制备试样。

7. 干物质测定

7.1 烘皿的准备：按 GB/T 8304 中 6.3 规定测定。

7.2 测定步骤

7.2.1 第一法：103℃恒重法（仲裁法）

按 GB/T 8304 中 6.4.1 规定测定。

7.2.2 第二法：120℃烘干法（快速法）

按 GB/T 8304 中 6.4.2 规定测定。

8. 结果计算

8.1 计算方法

磨碎试样的干物质含量以质量分数表示，按下式计算：

$$干物质(\%) = m_1/m_0 \times 100\%$$

式中 m_0——试样的原始质量，g；

m_1——干燥后的试样质量，g。

如果符合重复性（8.2）的要求，取两次测定结果的算术平均值作为结果（保留小数点后一位）。

8.2　重复性

在重复条件下同一样品获得的测定结果的绝对差值不得超过算术平均值的 5%。

注：用第二法测定茶叶干物质，重复性达不到要求时，按第一法规定进行测定。

第二讲　常规检验

一、鲜叶进厂验收检验

1. 目的

为保证进厂鲜叶的质量，对所有采摘进厂的鲜叶制定以下质量验收规范。

2. 适用范围

本规范适用于对进厂的鲜叶质量的验收。

3. 工作职责

3.1　质检科是本规范的执行部门。

3.2　主管厂长对本规范的执行情况实施监督和检查。

4. 验收要求及处理办法

4.1　一般要求：应保持一芽一叶初展至一芽三叶，芽叶完整、色泽鲜绿、新鲜、匀净。

4.1.1　嫩度：按当日工厂的需求鲜叶的数量、级别组织进厂。同一批次鲜叶嫩度要求达到基本一致。不符合要求的拒收。

4.1.2　匀度：当天进厂鲜叶同一级别应匀度一致，不可大小不匀。

4.1.3　净度：鲜叶中不带老梗、老叶及其他非茶类夹杂物。

4.1.4　鲜度：鲜叶采摘后应避免中转环节，及时送到厂内，以避免因鲜度差，从而影响到成品茶的品质，造成汤色混、暗，色泽黄。鲜叶应轻装，避免叶质损伤，不应因紧压造成发热，出现酸、馊味。

4.1.5　水分：对露水叶及雨水叶，根据叶面水分的多少酌情扣除水分重量。

4.2　对应不同季节的鲜叶级别

4.2.1　鲜叶的质量标准（春季）见表1

表 1　鲜叶质量标准

茶叶级别	鲜 叶 质 量 要 求
精品	一芽一叶初展，芽叶肥壮匀齐
特优、特级	一芽一叶初展，芽叶匀齐健壮、新鲜，不带鱼叶、鳞片、单片等
特一、一级	一芽一叶至一芽二叶初展，芽叶完整、新鲜、匀净，不含病虫斑点等
二级	一芽二叶初展至一芽三叶，茶叶完整、新鲜、匀净，不带病虫斑点等
三级、四级	一芽二、三叶，芽叶尚完整、匀净

4.2.2　秋季鲜叶质量的要求：由于该季节生产的茶叶相对于春茶而言属中下档产品，而采摘的鲜叶仍为一芽一叶至一芽三叶，各级别的鲜叶有所不同，但总体要求：芽叶大小基本一致、完整，有一定的匀净度。

4.3　鲜叶验收程序

4.3.1　采工在指定地点排队逐一进行鲜叶验收。

4.3.2　采工将鲜叶放入称具内，并报采茶号。

4.3.3　验收员随即抽取 100～150g 的鲜叶散放在台面，检验其匀净度、芽叶比例、新鲜度等综合因子，然后评定等级或报出价格。

4.3.4　采工同意认可后，马上过称。

4.3.5　同一级别的鲜叶摊放在一起，由专人摊放在指定的木架园、方匾或竹篾上。

4.3.6　由验收记录员在采工相应的号码上记录重量、等级（价格），然后去记账。

4.3.7　若采工对评定有异议暂不过称。待后复评，还有争议的，交质检科裁决。

4.3.8　发现鲜叶尚有不符合采摘要求，由该采工拣剔后复检。

4.3.9　对于鲜叶没有及时进厂而存放时间过长导致叶温过高所造成的鲜叶变红，检验员应作劣变原料处理。

二、　茶叶出厂检验

1. 概述

出厂检验是产品出厂前对其质量状况所进行的全面检查，是全面考核产品质量是否符合规定要求的重要手段。每批产品均应做出厂检验，经检验合格签发合格证后，方可出厂。

2. 目的

规定茶叶出厂检验的项目、频率、方法和记录等，规范出厂检验活动，提高产品的出厂检验合格率。

3. 职责

质检部是产品出厂检验的归口管理部门，负责产品的出厂检验实施和管理。

4. 检验项目

茶叶的出厂检验项目共 18 项，具体见表 2，根据检验项目的易难程度和质量管理的需要，特将检验项目分为两类，以"√"和"＊"为区别。

表 2　茶叶出厂检验项目表

序号	检验项目	出厂检验要求	序号	检验项目	出厂检验要求
1	净含量	√	3	粗纤维	＊
2	感官品质	√	4	稀土总量	＊

序号	检验项目	出厂检验要求	序号	检验项目	出厂检验要求
5	水分	√	12	氟氰戊菊酯	＊
6	总灰分	＊	13	氯氰菊酯	＊
7	碎茶和粉末	√	14	溴氰菊酯	＊
8	水溶性灰分	＊	15	氯菊酯	＊
9	酸不溶性灰分	＊	16	乙酰甲胺磷	＊
10	水溶性灰分碱度	＊	17	杀螟硫磷	＊
11	水浸出物	＊	18	顺式氰戊菊酯	＊

注：1. 检验频率：带"√"号的检验项目为常规检验项目，应按生产批次逐批检验；带"＊"号的检验项目为一般检验项目，一年至少检验两次，一般安排在2月和8月。

2. 检验承担：带"√"号检验项目全部由公司自行检验；带"＊"号的检验项目定期委托省级茶叶产品监督检验所完成。

5. 检验报告

质管科对各项检验记录、报告进行分析，确认规定的检验项目均已完成，且结果符合要求后，出具成品检验报告。

6. 检验结果处理

6.1 对检验合格的产品，质管科签发产品合格证，按规定进行包装、标识，方可入库、出厂。

6.2 对检验不合格的产品，质管科会同生产技术科、车间确定需采取的措施，由车间组织实施。

6.3 对经返工产品，质管科重新进行检验，并予以记录。经重新检验合格产品，质管科签发产品合格证，方可入库、出厂。检验不合格严禁出厂。

7. 检验归档

7.1 每批成品加工完成后，生产车间或仓库填写申检单，交质管科。

7.2 质管科按产品标准或成品检验规程抽样，留样一并抽齐。

7.3　检验记录、检验报告和产品合格证应齐全、清晰。检验记录、检验报告由质管科保存。

三、 包装材料进货检验

1. 目的

为保证进厂包装材料符合使用要求，特制定以下包装材料进货检验规范。

2. 适用范围

本制度适用于对纸箱、纸盒、铝箔内袋进厂时的验收。

3. 工作职责

3.1　质检科是本制度的具体执行部门。

3.2　质检科同时对执行本制度的情况实施监督和检查。

4. 验收要求及方法

所有用于产品包装的材料皆应在合格供方处采购，必须确认供方具备生产食品包装材料的资质。

4.1　纸箱、包装盒

4.1.1　纸箱规格及验收方法

a）大一号箱：长 580mm、宽 350mm、高 370mm，误差范围±5mm；

b）大二号箱：长 460mm、宽 260mm、高 400mm，误差范围±5mm；

c）大三号箱：长 470mm、宽 315mm、高 360mm，误差范围±5mm；

d）小一号箱：长 335mm、宽 220mm、高 350mm，误差范围±5mm；

e）小二号箱：长 330mm、宽 175mm、高 245mm，误差范围±5mm；

f）大包装盒：长 330mm、宽 70mm、高 240mm，误差范围±3mm；

g）小包装盒：长 180mm、宽 75mm、高 245mm，误差范围±3mm；

h）小纸盒：长 130mm、宽 95mm、高 40mm，误差范围±3mm；

i）八角茶盒：长 80mm、宽 65mm、高 140mm，误差范围±2mm；

j）茶听罐：直径 65mm、高 65mm；

k）铁罐：宽 90mm、高 130mm、厚 66mm；

l）纸罐：宽 86mm、高 130mm、厚 63mm；

m）包装盒：宽 210mm、高 293mm、厚 80mm。

按相应规格要求，采用卷尺测量。

4.1.2　纸箱重量要求及验收方法

a）大一号箱：≥ 1275 g/只；

b）大二号箱：≥ 1000g/只；

c）小一号箱：≥ 660g/只；

d）小二号箱：≥ 500g/只。

采用经检定合格的电子秤测量（纸盒的重量要求不作规定）。

4.1.3　强度要求及验收方法：将纸箱上口两页折向内、外各翻三次，折口箱板纸不得断裂。其余目测是否有断口。

4.1.4　外观要求及验收方法：外观应清洁、平整，印字清楚，标识内容准确、符合规定；采用目测方法。

4.2　铝箔内袋及塑料袋

4.2.1　规格要求及验收方法

a）大号内袋：长 190mm、宽 95mm、厚 40mm，误差范围±3mm；

b）小号内袋：长 160mm、宽 75mm、厚 30mm，误差范围±3mm。

按相应规格要求，采用卷尺测量。

4.2.2　厚度要求及验收方法：按计算单只内袋重量，验收内袋厚度：大号内袋：≥ 100 g/只；小号内袋：≥ 900 g/只。采用经检定合格的电子秤测量。

4.2.3　强度要求及验收方法：以双手拉内袋粘合处，不得开裂。

4.2.4　外观要求：内袋表面应平整，砂眼缺陷应≤10 处/只。

采用目测法，拉平内袋朝向光亮处，检查透光处数。

5. 抽样方法及判定

采用二次抽样方案，按每 1000 只纸箱或内袋，抽取样本 5 只，按上述要求检验后，若 5 只中出现 2 只不合格，则再抽取 5 只，当不合格数大于 2 只时，则判该批纸箱或内袋为不合格。

对有特殊要求的包装材料，验收时按采购合同中规定的要求为准。

四、 标准实物样制作方法

标准实物样茶是本标准的基础，是监督检验产品质量和对样评茶按质论价的实物依据。标准实物样茶的品质水平根据历年分级实况和结合当年生产情况而确定。

1. 制样要求

实物样由企业按有关茶叶分级感官品质特征要求制作；标准实物样每二年更换一次。

2. 原料选留

茶厂在春茶期间选留采制正常，外形、内质基本符合各级标准要求的有代表性的春茶。等级、数量应按计划选足留好。原料选留计划由茶厂根据需要进行确定。

3. 制样

标准实物样由茶厂组织有关技术人员在春茶时制作。为使各级品质特征达到标准要求，应对原料茶作适当的筛分、拣剔和拼和。试拼标准小样，经审评平衡后换配大样，大小样的品质应相符。

4. 使用

标准样使用时应十分仔细。评茶时根据需要选用，用后及时装回罐内放在原处。干看抓样，动作要轻，以免茶条断碎。簸样时不要把轻飘茶或下身茶飘出茶样盘，以免水平走样。要尽量保持标准样茶的原有面貌，以延长使用时间。注意避免样茶倒错互混。标准样水平走样后，应及时调换。

5. 贮存

标准样分装要力求均匀一致，随装随加盖，封粘标准样标签。

标签上应标明名称、等级、使用年度、制订日期、发布机构名称。标准样茶由专人负责保管，并放在低温干燥的环境中，防止受潮变质。

五、 成品君山银针检验报告单（样例）

品名编码：君山银针（4508）　　　检验单号：JY01501266

标准代号：GB/T1.1—2009　　　　检验日期：××××.12.21

包装规格：1×25kg　　　　　　　出厂日期：××××.11.24

加工日期/批号：总体标准样　　　保质期限：18个月

品质项目	指标要求	品评/检验结果	结论	检验要求
茶叶外形/外观	芽头肥壮挺直	与标准样本相符	合格	常规检验，工厂品保，每批必检，合格出厂
	匀齐	与标准样本相符	合格	
	洁净	与标准样本相符	合格	
色泽	金黄光亮	与标准样本相符	合格	
香气	清鲜	与标准样本相符	合格	
茶汤滋味	味甜爽	与标准样本相符	合格	
	无青草味，无苦涩味	与标准样本相符	合格	
	无不良滋味	与标准样本相符	合格	
总体要求	与标准样品总体一致	与标准样本相符	合格	
水分/%	≤7.0	5.52	合格	常规检验，工厂品保，每批必检，合格出厂
粉末/%	≤2.0	1.12	合格	
总灰分/%	≤7.0	4.99	合格	
水溶性灰分/%	≥45	49.5	合格	
水浸出物/%	≥32	35.07	合格	
粗纤维/%	≤16.5	15.23	合格	
菌落总数/(cfu/g)	≤8000	6.10×10^3	合格	
大肠菌群/(MPN/100g)	≤500	387	合格	

续表

品质项目	指标要求	品评/检验结果	结论	检验要求
六六六/(mg/kg)	≤0.2	未检出	合格	型式检验（国家法定）、委托检验（仲裁机构）2次/年
DDT/(mg/kg)	≤0.2	未检出	合格	
水溶性灰分碱度（以 KOH 计）/%	≥1.0；≤3.0	2.2	合格	
酸不溶性灰分/%	≤1.0	0.76	合格	
Pb(铅)/(mg/kg)	≤5.0	≤5.0	合格	
Cu(铜)/(mg/kg)	≤5.0	≤5.0	合格	
稀土/(mg/kg)	≤2	≤2	合格	
结论	合格			

批准：　　　　　　品保主管：　　　　　　检验员：

第三讲　无机分析（水分、灰分、浸出物）

一、茶　水分测定（GB/T 8304—2013）

1. 范围

规定了对茶叶中水分含量测定的原理、仪器与用具、操作方法及结果的计算方法。

2. 引用标准

下列标准所包含的条文，通过在本标准中引用而构成为本标准的条文。本标准出版时，所示版本均为有效。所有标准都会被修订，使用本标准的各方应探讨使用下列标准最新版本的可能性。

GB/T 8302　茶　取样

GB/T 8303　茶　磨碎试样的制备及其干物质含量测定

3. 定义

本标准采用下列定义。

水分：在常压条件下，试样经规定的温度加热至恒重，称量，并计算试样损失的质量即为水分。

4. 原理

试样于103℃±2℃的电热恒温干燥箱中加热至恒重，称量。

5. 仪器与用具

实验室常规仪器及下列各项：

5.1 样品容器：由清洁、干燥、避光的玻璃或其他不与样品发生反应的材质制成，大小以能装满磨碎样为宜。

5.2 铝质或玻质烘皿：具盖，内径75～80mm。

5.3 鼓风电热恒温干燥箱：能自动控制温度±2℃。

5.4 干燥器：内盛有效干燥剂。

5.5 分析天平：感量0.001g。

6. 操作方法

6.1 取样：按GB/T 8302规定取样。

6.2 试样制备：紧压茶按GB/T 8303—2013中6.2.2规定制备茶样。紧压茶以外的茶，按6.1取样操作，将样品混匀，贮存于样品容器（5.1）中。

6.3 铝质烘皿的准备：将洁净的烘皿连同盖置于103℃±2℃的干燥箱中，加热1h，加盖取出，于干燥器内冷却至室温，称量（准确至0.001g）。

6.4 测定步骤

6.4.1 第一法：103℃恒重法（仲裁法）

称取5g（准确至0.001g）试样（6.2）于已知质量的烘皿（6.3）中，置于103℃±2℃干燥箱（5.2）内（皿盖斜置皿上）。加热4h，加盖取出，于干燥器（5.3）内冷却至室温，称量。再置干燥箱中加热1h，加盖取出，于干燥器内冷却，称量（准确至0.001g）。重复加热1h的操作，直至连续两次称量差不超过0.005g，即为恒重，以最小称量为准。

6.4.2　第二法：120℃烘干法（快速法）

称取 5g（准确至 0.001g）试样（6.2）于已知质量的烘皿（6.3）中，置 120℃ 干燥箱（5.2）内（皿盖斜置皿上）。以 2min 内回升到 120℃时计算，加热 1h，加盖取出，于干燥器（5.3）内冷却至室温，称量（准确至 0.001g）。

7. 结果计算

7.1　计算方法

茶叶水分以质量分数表示，按下式计算：

$$水分(\%) = (m_1 - m_2)/m_0 \times 100\%$$

式中　m_1——试样和铝质烘皿烘前的质量，g；

　　　m_2——试样和铝质烘皿烘后的质量，g；

　　　m_0——试样的质量，g。

如果符合重复性（7.2）的要求，取两次测定的算术平均值作为结果（保留小数点后一位）。

7.2　重复性：在重复条件下同一样品获得的测定结果的绝对差值不得超过算术平均值的 5%。

注：用第二法侧定茶叶水分，重复性达不到要求时，按第一法规定进行测定。

二、茶　水浸出物测定（GB/T 8305—2013）

1. 范围

规定了对茶叶中水浸出物测定的原理、仪器和用具、操作方法及结果计算方法；适用于对茶叶中水 浸出物的测定。

2. 引用标准

下列标准所包含的条文，通过在本标准中引用而构成为本标准的条文。本标准出版时，所示版本均为有效。所有标准都会被修订，使用本标准的各方应探讨使用下列标准最新版本的可能性。

GB/T 8302　茶　取样

GB/T 8303　茶　磨碎试样的制备及其干物质含量测定

3. 定义

本标准采用下列定义。

水浸出物：在规定的条件下，用沸水浸出茶叶中的水可溶性物质。

4. 原理

用沸水回流提取茶叶中的水可溶性物质，再经过滤、冲洗、干燥，称量浸提后的茶渣，计算水浸出物。

5. 仪器和用具

实验室常规仪器及下列各项：

5.1　鼓风电热恒温干燥箱：温控 120℃±2℃；

5.2　水浴锅；

5.3　布氏漏斗连同抽滤装置；

5.4　铝盒：具盖，内径 75～80mm；

5.5　干燥器：内盛有效干燥剂；

5.6　分析天平：感量 0.001g；

5.7　锥形瓶：500ml；

5.8　磨碎机：由不吸收水分的材料制成，死角尽可能小，内装孔径为 3mm 的筛子。

6. 操作方法

6.1　取样：按 GB/T 8302 的规定。

6.2　试样制备：先用磨碎机（5.8）将少量试样磨碎，弃去，再磨碎其余部分。

6.3　铝盒准备：将铝盒（5.4）连同 15cm 定性快速滤纸置于 120℃±2℃的恒温干燥箱（5.1）内，烘干 1h，取出，在干燥器内（5.5）冷却至室温，称量（精确至 0.001g）。

6.4　测定步骤：称取 2g（准确至 0.001g）磨碎试样（6.2）于 500ml 锥形瓶（5.7）中，加沸蒸馏水 300ml，立即移入沸水浴（5.2）中，浸提 45min（每隔 10min 摇动一次）。浸提完毕后立即趁热减压过滤（用经 6.3 处理的滤纸）。用约 150ml 沸蒸馏水洗涤茶渣数次，将茶渣连同已知质量的滤纸移入铝盒（6.3）内，然后移入 120℃±2℃的恒温干燥箱（5.1）内烘 1h，加盖取出冷却 1h 再烘 1h，立即移入干燥器（5.5）内冷却至室温，称量。

7. 结果计算

7.1　计算方法

茶叶中水浸出物以干态质量分数表示，按下式计算：

$$水浸出物(\%)=[1-m_1/(m\times\omega)]\times100\%$$

式中　m——试样质量，g；

　　　m_1——干燥后的茶渣质量，g；

　　　ω——试样干物质含量，%。

如果符合重复性（7.2）的要求，取两次测定的算术平均值作为结果，结果保留小数点后一位。

7.2　重复性：在重复条件下同一样品获得的测定结果的绝对差值不得超过算术平均值的 2%。

三、茶　总灰分测定（GB/T 8306—2013）

1. 范围

规定了对茶叶中总灰分测定的原理、仪器和用具、测定步骤及结果计算方法；适用于茶叶中总灰分的测定。

2. 引用标准

下列标准所包含的条文，通过在本标准中引用而构成为本标准的条文。本标准出版时，所示版本均为有效。所有标准都会被修订，使用本标准的各方应探讨使用下列标准最新版本的可能性。

GB/T 8302　茶　取样

GB/T 8303　茶　磨碎试样的制备及其干物质含量的测定

3. 定义

本标准采用下列定义。

总灰分：在规定的条件下，茶叶经 525℃±25℃ 灼烧灰化后所得的残渣。

4. 原理

试样经 525℃±25℃ 加热灼烧，分解有机物至恒量。

5. 仪器和用具

实验室常规仪器及下列各项：

5.1　坩埚：瓷质、高型，容量 30ml；

5.2　电热板；

5.3　高温电炉：525℃±25℃；

5.4　干燥器：内盛有效干燥剂；

5.5　坩埚钳；

5.6　分析天平：感量 0.001g。

6. 测定步骤

6.1　取样：按 GB/T 8302 的规定。

6.2　试样制备：按 GB/T 8303 的规定。

6.3　坩埚的准备：将洁净的坩埚置于 525℃±25℃ 高温炉内，灼烧 1h，待炉温降至 300℃ 左右时，取出坩埚，于干燥器内冷却至室温，称量（准确至 0.001g）。

6.4　测定：称取混匀的磨碎试样 2g（准确至 0.001g）于坩埚内，在电热板上徐徐加热，使试样充分炭化至无烟。将坩埚移入 525℃±25℃ 高温炉内，灼烧至无炭粒（不少于 2h）。待炉温降至 300℃ 左右时，取出坩埚，置于干燥器内冷却至室温，称量。再移入高温炉内以上述温度灼烧 1h，取出，冷却，称量。再移入高温炉内，灼烧 30min，取出，冷却，称量。重复此操作，直至连续两次称量差不超过 0.001g 为止。以最小称量为准。

6.5　必要时，可保留总灰分供测水溶性灰分和水不溶性灰分。

7. 结果计算

7.1　计算方法

茶叶总灰分以干态质量分数表示，按下式计算

$$总灰分(\%) = (m_1 - m_2)/(m_0 \times \omega) \times 100\%$$

式中：m_1——试样和坩埚灼烧后的质量，g；

$\quad\quad m_2$——坩埚的质量，g；

$\quad\quad m_0$——试样质量，g；

$\quad\quad \omega$——试样干物质含量，%。

如果重复性符合（7.2）的要求，取两次测定的算术平均值作为结果（保留小数点后一位）。

7.2　重复性：在重复条件下同一样品获得的测定结果的绝对差值不得超过算术平均值的 5%。

四、　茶　水溶性灰分和水不溶性灰分测定

（GB/T 8307—2013）

1. 范围

规定了对茶叶中水溶性灰分和水不溶性灰分测定的原理、仪器和用具、测定步骤及结果计算的方法；适用于茶叶中水溶性灰分和水不溶性灰分测定。

2. 引用标准

下列标准所包含的条文，通过在本标准中引用而构成为本标准的条文。本标准出版时，所示版本均为有效。所有标准都会被修订，使用本标准的各方应探讨使用下列标准最新版本的可能性。

GB/T 8302　茶　取样

GB/T 8303　茶　磨碎试样的制备及其干物质含量的测定

GB/T 8306　茶　总灰分测定

3. 定义

本标准采用下列定义。

3.1　水溶性灰分：在规定条件下，总灰分中溶于水的部分。

3.2　水不溶性灰分：在规定条件下，总灰分中不溶于水的部分。

4. 原理

用热水提取总灰分，经无灰滤纸过滤、灼烧、称量残留物，测得水不溶性灰分；由总灰分和水不溶性灰分的质量之差算出水可溶性灰分。

5. 仪器和用具

实验室常规仪器及下列各项：

5.1　坩埚：瓷质、高型、容量 30ml；

5.2　电热板；

5.3　高温电炉：525℃±25℃；

5.4　坩埚钳；

5.5　水浴锅；

5.6　干燥器：内盛有效干燥剂；

5.7　分析天平：感量 0.001g；

5.8　无灰滤纸。

6. 测定步骤

6.1　取样：按 GB/T 8302 的规定。

6.2　试样制备：按 GB/T 8303 的规定。

6.3　总灰分制备：按 GB/T 8306 的规定。

6.4　测定：用 25ml 热蒸馏水，将灰分从坩埚中洗入 100ml 烧杯中。加热至微沸（防溅），趁热用无灰滤纸过滤，用热蒸馏水分次洗涤烧杯和滤纸上的残留物，直至滤液和洗准体积达 150ml 为止。将滤纸连同残留物移入坩埚中，在沸水浴上小心地蒸去水分。

移入高温炉内，以 525℃±25℃ 灼烧至灰中无炭粒量（约 1h）。待炉温降至 300℃ 左右时，取出坩埚，于干燥器内冷却至室温，称量。再移入高温炉内灼烧 30min，取出坩埚，冷却并称量。重复此操作，直至连续两次称量差不超过 0.0001g 为止，即为恒量，以最小称量为准。

6.5　其他：必要时，保留滤液以测定水溶性灰分碱度，保留水溶性灰分以供酸不溶性灰分测定。

7. 结果计算

7.1　计算方法

7.1.1　水不溶性灰分

茶叶中水不溶性灰分，以干态质量分数表示，按式（1）计算：

$$水不溶性灰分(\%)=(m_1-m_2)/(m_0\times\omega)\times100\%　　式（1）$$

式中　m_1——坩埚和水不溶性灰分的质量，g；

　　　m_2——坩埚的质量，g；

　　　m_0——试样质量，g；

　　　ω——试样干物质含量，%。

7.1.2　水溶性灰分

茶叶中水溶性灰分，以干态质量分数表示，按式（2）计算：

$$水溶性灰分(\%)=(m_3-m_4)/(m_0\times\omega)\times100\%　　式（2）$$

式中　m_3——总灰分的质量，g；

　　　m_4——水不溶性灰分的质量，g；

　　　m_0——试样质量，g；

　　　ω——试样干物质含量，%。

7.1.3　如果符合重复性（7.2）的要求，取两次测定的算术平均值作为结果（保留小数点后一位）。

7.2　重复性：在重复条件下同一样品获得的测定结果的绝对差值不得超过算术平均值的 5%。

五、 茶 酸不溶性灰分测定（GB/T 8308—2013）

1. 范围

规定了对茶叶中酸不溶性灰分测定的原理、试剂和溶液、仪器和用具、测定步骤及结果计算；适用于茶叶中酸不溶性灰分的测定。

2. 引用标准

下列标准所包含的条文，通过在本标准中引用而构成为本标准的条文。本标准出版时，所示版本均为有效。所有标准都会被修订，使用本标准的各方应探讨使用下列标准最新版本的可能性。

GB/T 8302　茶　取样

GB/T 8303　茶　磨碎试样的制备及其干物质含量测定

GB/T 8306　茶　总灰分测定

3. 定义

本标准采用下列定义。

酸不溶性灰分：在规定的条件下，总灰分经盐酸处理后残留部分。

4. 原理

用盐酸溶液处理总灰分，过滤、灼烧并称量灼烧后残留物。

5. 试剂和溶液

盐酸（分析纯）10%溶液：24ml 浓盐酸用蒸馏水稀释至 100ml。

6. 仪器和用具

实验室常规仪器及下列各项：

6.1　坩埚：瓷质、高型、容量 50ml；

6.2　电热板；

6.3　高温炉：525℃±25℃；

6.4　水浴锅；

6.5　干燥器：内盛有效干燥剂；

6.6 分析天平：感量 0.001g；

6.7 无灰滤纸；

6.8 表面皿：直径 60mm；

6.9 烧杯：高型、容量 100ml；

6.10 坩埚钳。

7. 测定步骤

7.1 取样：按 GB/T 8302 规定。

7.2 试样制备：按 GB/T 8303 规定。

7.3 坩埚准备：将洁净的坩埚置于 525℃±25℃ 高温炉内，灼烧 1h，待炉温降至 300℃ 左右时，取出坩埚，于干燥器内冷却至室温，称量（准确至 0.001g）。

7.4 总灰分的制备：称取均匀的磨碎试样 5g（准确至 0.001g）于坩埚内，其他步骤均按按 GB/T 8306 的规定。

注：如果炭化不完全，可滴加数滴纯净的橄榄油以助炭化和灰化。

7.5 测定：用 25ml 10% 盐酸溶液将总灰分分次洗入 100ml 烧杯中，盖上表面皿，在水浴上小心加热，至溶液由浑浊变透明时，继续加热 5min。趁热用无灰滤纸过滤，用热蒸馏水少量反复洗涤烧杯和滤纸上的残留物，至洗液不呈酸性为止（约 150ml）。将滤纸连同残渣移入原坩埚内，在水浴上小心蒸去水分。移入高温炉内，以 525℃±25℃ 灼烧至无炭粒为止（约 1h），待炉温降到 300℃ 左右时，取坩埚，于干燥器内冷却至室温，称量。再移入高温炉内灼烧 30min，冷却并称量，重复此操作，直至连续两次称量差不超过 0.001g 为止，以最小称量为准。

8. 结果计算

8.1 计算方法

茶叶中酸不溶性灰分以干态质量分数表示，按下式计算：

$$酸不溶性灰分(\%) = (m_1 - m_2)/(m_0 \times \omega) \times 100\%$$

式中 m_1——坩埚和酸不溶性灰分的质量，g；

m_2——坩埚的质量，g；

m_0——试样的质量，g；

ω——试样干物质含量，%。

如果符合重复性（8.2）的要求，取两次测定的算术平均值作为结果（保留小数点后两位）。

8.2 重复性：在重复条件下同一样品获得的测定结果的绝对差值不得超过算术平均值的 10%。

六、 茶 水溶性灰分碱度测定（GB/T 8309—2013）

1. 范围

规定了对茶叶中水溶性灰分碱度测定的原理、仪器和用具、试剂和溶液、测定步骤及结果计算方法；适用于茶叶水溶性灰分碱度测定。

2. 引用标准

下列标准所包含的条文，通过在本标准中引用而构成为本标准的条文。本标准出版时，所示版本均为有效。所有标准都会被修订，使用本标准的各方应探讨使用下列标准最新版本的可能性。

GB/T602—1988 化学试剂 杂质测定用标准溶液的制备

GB/T8302 茶 取样

GB/T8303 茶 磨碎试样的制备及其干物质含量的测定

GB/T8306 茶 总灰分测定

GB/T8307 茶 水溶性灰分和水不溶性灰分测定

3. 定义

本标准采用下列定义。

水溶性灰分碱度：中和水溶性灰分浸出液所需要酸的量，或相当于该酸量的碱量。

4. 原理

用甲基橙作指示剂，以盐酸标准溶液滴定来自水溶性灰分的溶液。

5. 仪器和用具

实验室常规仪器及下列各项：

5.1 滴定管理：容量 50ml；

5.2 三角烧瓶：250ml。

6. 试剂和溶液

6.1 盐酸：0.1mol/L 标准溶液，按 GB/T602 配制与标定。

6.2 甲基橙指示剂：甲基橙 0.5g，用热蒸馏水溶解后稀释至 1L。

7. 测定步骤

7.1 取样：按 GB/T8302 规定。

7.2 试样制备：按 GB/T8303 规定。

7.3 水溶性灰分溶液的制备：按 GB/T8307 规定。

7.4 测定：将水溶性灰分溶液冷却后，加甲基橙指示剂 2 滴（6.2），用 0.1mol/L 盐酸溶液（6.1）滴定。

8. 结果计算

8.1 计算方法

碱度的表示：即中和 100g 干态磨碎样品所需的一定浓度盐酸的摩尔数，或换算为相当于干态磨碎样品中所含氢氧化钾的质量分数。

8.1.1 碱度用摩尔数表示（100g 干态磨碎样品），按式（1）计算：

$$水溶性灰分碱度（摩尔数） = 10 \times V/(m_0 \times \omega) \tag{1}$$

式中 V——滴定时消耗 0.1mol/L 盐酸标准溶液的体积，ml；

m_0——试样的质量，g；

ω——试样干物质（干态）含量，%。

注：如果使用盐酸标准溶液的浓度未精确到 6.1 所要求的浓度，则计算时用校正系数（滴定浓度/0.1）。

8.1.2　碱度用氢氧化钾的质量分数表示，按式（2）计算：

$$水溶性灰分碱度(\%)=56\times V/(m_0\times \omega\times 100)\times 100\% \qquad (2)$$

式中　V——滴定时消耗 0.1mol/L 盐酸标准溶液的体积，ml；

　　　m_0——试样的质量，g；

　　　ω——试样干物质（干态）含量，%。

　　　56——为氢氧化钾的摩尔质量，g/mol。

如果符合重复性（8.2）的要求，则取两次测定的算术平均值作为结果（保留小数点后一位）。

8.2　重复性：在重复条件下同一样品获得的测定结果的绝对差值不得超过算术平均值的 10%。

第四讲　有机分析（常规功效成分）

一、茶　咖啡碱测定（GB/T 8312—2013）

1. 范围

规定了用高效液相色谱法、紫外分光光度法对茶叶中咖啡碱测定的原理、仪器和用具、试剂和溶液、操作方法及结果计算方法；适用于茶叶和固体速溶茶中咖啡碱的测定。

2. 引用标准

下列标准所包含的条文，通过在本标准中引用而构成为本标准的条文。本标准出版时，所示版本均为有效。所有标准都会被修订，使用本标准的各方应探讨使用下列标准最新版本的可能性。

GB/T8302　茶　取样

GB/T8303　茶　磨碎试样的制备及其干物质含量测定

第一法 高效液相色谱法

3. 原理

茶叶中咖啡碱经沸水和氧化镁混合提取后，经高效液相色谱仪、C_{18} 分离柱、紫外检测器检测，与标准系列比较定量。

4. 仪器和用具

实验室常规仪器及下列各项：

4.1 高效液相色谱仪，具有紫外检测器；

4.2 紫外检测器：检测波长 280nm；

4.3 分析柱：C_{18}（ODS柱）；

4.4 分析天平：感量 0.0001g。

5. 试剂和溶液

甲醇为色谱纯，水为重蒸馏水。

5.1 氧化镁：分析纯；

5.2 高效液相色谱流动相：取 600ml 甲醇倒入 1400ml 重蒸馏水，混匀，脱气；

5.3 咖啡碱标准液：称取 125mg 咖啡碱（纯度不低于 99％）加乙醇∶水（1∶4）溶解，定容至 250ml，摇匀，标准储备液 1ml 相当于含 0.5mg 咖啡碱。吸取 1.0ml、2.0ml、5.0ml 及 10.0ml 上述标准储备液，分别加水定容至 50ml 作为系列标准工作液，每 1ml 该系列标准工作液中分别含相当于 10μg、20μg、50μg、100μg 咖啡碱。

6. 操作方法

6.1 取样：按 GB/T8302 的规定。

6.2 试样制备：按 GB/T8303 的规定。

6.3 测定步骤

6.3.1 试液制备：称取 1.0g（准确至 0.0001g）磨碎茶样（6.2），置于 500ml 烧瓶中，加 4.5g 氧化镁及 300ml 沸水，于沸水浴中加热，浸提 20min（每隔 5min 摇动一次），浸提完毕后立即趁热减压过滤，滤液移入 500ml 容量瓶中，冷却后，用水定容至刻度，混匀。取一部分试液，通过 0.45μm 滤膜过滤，待用。

6.3.2　色谱条件

6.3.2.1　检测波长：紫外检测器，波长 280nm；

6.3.2.2　流动相：水：甲醇的体积分数为 7：3；

6.3.2.3　流速：0.5～1.5ml/min；

6.3.2.4　柱温：40℃；

6.3.2.5　进样量：10～20μl。

6.3.3　测定：准确汲取制备液（6.3.1）10～20μl，注入高效液相色谱仪，并用咖啡碱标准液（5.3）制作标准曲线，进行色谱测定。

7. 结果计算

7.1　计算方法

比较试样和标准样的峰面积，按式（1）计算：

$$咖啡碱(\%) = (C \times V_1)/(m \times \omega \times 10000) \times 100\% \tag{1}$$

式中　C——根据标准曲线计算出的测定液中咖啡碱浓度，μg/ml；

　　　V_1——样品总体积，ml；

　　　m——试样的质量，g；

　　　ω——试样干物质含量，%。

如果符合重复性（7.2）的要求，取两次测定的算术平均值作为结果，结果保留小数点后一位。

7.2　重复性：在重复条件下同一样品获得的测定结果的绝对差值不得超过算术平均值的 10%。

第二法　紫外分光光度法

8. 原理

茶叶中的咖啡碱易溶于水，除去干扰物质后，用特定波长测定其含量。

9. 仪器和用具

实验室常规仪器及下列各项：

9.1　紫外分光光度仪；

9.2　分析天平：感量 0.001g。

10. 试剂和溶液

所用试剂应为分析纯（AR），水为蒸馏水。

10.1　碱式乙酸铅溶液：称取 50g 碱式乙酸铅，加水 100ml，静置过夜，倾出上清液过滤；

10.2　盐酸：0.01mol/L 溶液，取 0.9ml 浓盐酸，用水稀释 1L，摇匀；

10.3　硫酸：4.5mol/L 溶液，取浓硫酸 250ml，用水稀释 1L，摇匀；

10.4　咖啡碱标准液：称取 100mg 咖啡碱（纯度不低于 99%）溶于 100ml 水中，作为母液，准确汲取 5ml 加水至 100ml，作为工作液（1ml 含咖啡碱 0.05mg）。

11. 测定步骤

11.1　试液制备：称取 3g（准确至 0.001g）磨碎试样（6.2）于 500ml 锥形瓶中，加沸蒸馏水 450ml，立即移入沸水浴中，浸提 45min（每隔 10min 摇动一次）。浸提完毕后立即趁热减压过滤。滤液移入 500ml 容量瓶中，残渣用少量热蒸馏水洗涤 2～3 次，并将滤液滤入上述容量瓶中，冷却后用蒸馏水稀释至刻度。

11.2　用移液管准确吸取试液（11.1）10ml，移入 100ml 容量瓶中，加入 4ml 0.01mol/L 盐酸（10.2）和 1ml 碱式乙酸铅溶液（10.1），用水稀释至刻度，混匀，静置澄清过滤，准确吸取滤液 25ml，注入 50ml 容量瓶中，加入 0.1ml 4.5mol/L 硫酸溶液（10.3），加水稀释至刻度，混匀，静置澄清过滤。用 10mm 比色杯，在波长 274nm 处，以试剂空白溶液作参比，测定吸光度（A）。

11.3　咖啡碱标准曲线的制作：分别吸取 0ml、1ml、2ml、

3ml、4ml、5ml、6ml 咖啡碱工作液（10.4）于一组 25ml 容量瓶中，各加入 1.0ml 盐酸（10.2），用水稀释至刻度，混匀，用 10mm 石英比色杯，在波长 274nm 处，以试剂空白溶液作参比，测定吸光度（A）。将测得的吸光度与对应的咖啡碱浓度绘制标准曲线。

12. 结果计算

12.1 计算方法

茶叶中咖啡碱含量以干态质量分数表示，按式（2）计算：

$$咖啡碱(\%) = (C \times V \times 50)/(m \times \omega \times 25 \times 10) \times 100\% \quad 式（2）$$

式中　C——根据试样测得的吸光度（A），从咖啡碱标准曲线上查得的咖啡碱相应含量 mg/ml；

　　　V——试液总量，L；

　　　m——试样用量，g；

　　　ω——试样干物质含量，%。

如果符合重复性（12.2），取两次测定的算术平均值作为结果，保留小数点后一位。

12.2 重复性：在重复条件下同一样品获得的测定结果的绝对差值不得超过算术平均值的 10%。

二、 茶叶中茶多酚和儿茶素类含量的检测方法
（GB/T 8313—2008）

1. 范围

规定了用高效液相色谱法 HPLC 测定茶叶中儿茶素类含量和用分光光度法测定茶叶中茶多酚含量的方法；适用于茶及茶制品中儿茶素类及茶多酚含量的测定。

2. 规范性引用文件

下列文件中的条款通过本标准的引用而成为本标准条款。

GB/T8302　茶　取样

GB/T8303　茶　磨碎试样的制品及其干物质含量测定

第一法　茶叶中儿茶素类的检测——HPLC 法

3. 原理

茶叶磨碎试样的儿茶素类用 70％的甲醇溶液在 70℃水浴上提取，儿茶素类的测定用 C_{18} 柱，检测波长 278nm，梯度洗脱，HPLC 分析，用儿茶素类标准物质外标法直接定量，也可用儿茶素类与咖啡碱的相对校正因子 RRFstd（ISO 国际环试结果）（7.2）来定量。

4. 仪器：

4.1　分析天平：感量 0.0001g；

4.2　水浴：70℃±1℃；

4.3　离心机：转速 3500r/min；

4.4　混匀器；

4.5　高效液相色谱仪（HPLC）：包含梯度洗脱及检测器（检测波长 278nm）；

4.6　数据处理系统；

4.7　液相色谱柱：C_{18}（粒径 5μm，250mm×4.6mm）。

5. 试剂

本标准所用水均为重蒸馏水，除特殊规定外，所用试剂为分析纯。

5.1　乙腈：色谱纯；

5.2　甲醇；

5.3　乙酸；

5.4　甲醇水溶液（体积比）：7∶3；

5.5　乙二胺四乙醇（EDTA）溶液：10mg/ml（现配）；

5.6　抗坏血酸溶液：10mg/ml（现配）；

5.7　稳定溶液：分别将 25ml EDTA 溶液（5.5）、25ml 抗坏血酸溶液（5.6）、50ml 乙腈（5.1）加入 500ml 容量瓶中，用水定容至刻度，摇匀。

5.8 液相色谱流动相

5.8.1 流动相 A：分别将 90ml 乙腈（5.1）、20ml 乙酸（5.3）、2ml EDTA（5.5）加入 1000ml 容量瓶中，用水定容至刻度，摇匀。溶液需过 $0.45\mu m$ 膜。

5.8.2 流动相 B：分别将 800ml 乙腈（5.1）、20ml 乙酸（5.3）、2ml EDTA（5.5）加入 1000ml 容量瓶中，用水定容至刻度，摇匀。溶液需过 $0.45\mu m$ 膜。

5.9 标准储备溶液

5.9.1 咖啡碱储备溶液：2.00mg/ml；

5.9.2 没食子酸（GA）储备溶液：0.100mg/ml；

5.9.3 儿茶素类储备溶液：＋C 1.00mg/mL，＋EC 1.00mg/mL，＋EGC 2.00mg/mL，＋EGCG 2.00mg/mL，＋ECG 2.00mg/mL。

5.10 标准工作溶液：用稳定溶液（5.7）配制。

标准工作溶液的浓度：没食子酸 $5\sim25\mu g/ml$、咖啡碱 $50\sim150\mu g/ml$、＋C $50\sim150\mu g/ml$、＋EC $50\sim150\mu g/ml$、＋EGC $100\sim300\mu g/ml$、＋EGCG $100\sim400\mu g/ml$、＋ECG $50\sim200\mu g/ml$。

6. 操作方法

6.1 取样：按 GB/T8302 的规定。

6.2 试样制备：按 GB/T8303 的规定。

6.3 测定步骤

6.3.1 干物质含量测定：按 GB/T8303 的规定

6.3.2 供试液的制备

6.3.2.1 母液：称取 0.2g（精确到 0.0001g）均匀磨碎的试样（6.2）于 10ml 离心管中，加入在 70℃中预热过的 70％甲醇液（5.4）5ml，用玻璃棒充分搅拌均匀湿润，立即移入 70℃水浴中，浸提 10min（隔 5min 搅拌一次），浸提后冷却至室温，转入离心机在 3500r/min 转速下离心 10min，将上清液转移至 10ml 容量瓶。残渣再用 5ml 的 70％甲醇溶液提取一次，重复以上操作。合并提取液，定容至 10ml，摇匀，过 0.45μm 膜，待用（该提取液在 4℃下可至多保存 24h）。

6.3.2.2 测定液：用移液管移取母液（6.3.2.1）2ml 至 10ml 容量瓶中，用稳定溶液（5.7）定容至刻度，摇匀，过 0.45μm 膜，待测。

6.3.3 色谱条件

流动相流速：1ml/min。

柱温：35℃。

紫外检测器：λ＝278nm。

梯度条件：100％A 相保持 10min

$$\downarrow$$

15min 内由 100％A 相→68％A 相、32％B 相

$$\downarrow$$

68％ A 相、32％B 相保持 10min

$$\downarrow$$

100％A 相

6.3.4 测定：待流速和柱温稳定后，进行空白运行。准确吸取 10μl 混合标准系列工作液注射入 HPLC。在相同的色谱条件下注射 10μl 测试液。测试液以峰面积定量。

7. 结果计算

7.1 计算方法

7.1.1 儿茶素类标准物质定量，按式（1）计算：

$$儿茶素（\%）＝(A \times f_{std} \times V \times d)/(m_1 \times m \times 1000) \times 100\% \quad (1)$$

式中 A——所测样品中被测成分的峰面积；

f_{std}——所测成分的校正因子（浓度/峰面积，浓度单位"μg/ml"）；

V——样品提取液的体积，L；

d——稀释因子（通常为 2ml 稀释成 10ml，则其稀释因子为 5）；

m_1——样品称取量，g；

m——样品的干物质含量，％。

7.1.2　以咖啡碱标准物质定量，按式（2）计算：

$$儿茶素(\%)=(A\times RRF_{std}\times V\times d)/(S_{caf}\times m_1\times m\times 1000)\times 100\%$$

$$(2)$$

式中　A——所测样品中被测成分的峰面积；

　　　　V——样品提取液的体积，L；

　　　　d——稀释因子（通常为 2ml 稀释成 10ml，则其稀释因子为 5）；

　　　m_1——样品称取量，g；

　　　　m——样品的干物质含量，%；

　RRF_{std}——所测成分相对于咖啡碱的校正因子；

　　S_{caf}——咖啡碱标准曲线的斜率（峰面积/浓度，浓度单位"μg/ml"）。

7.2　儿茶素类相对咖啡碱的校正因子如见表 3。

表 3　儿茶素类相对咖啡碱的校正因子表

名称	GA	+EGC	+C	+EC	+EGCG	+ECG
RRFstd	0.84	11.24	3.58	3.67	1.72	1.42

7.3　儿茶素类总量计算，按式（3）计算：

$$儿茶素类总量(\%)= EGC 含量 + C 含量 + EC 含量 +$$
$$EGCG 含量 + ECG 含量 \qquad (3)$$

7.4　重复性：同一样品儿茶素类总量的两次测定值相对误差应≤10%，若测定值相对误差在此范围，则取两次测得值得算数平均值为结果，保留小数点后两位。

第二法　茶叶中茶多酚的检测

8. 原理

茶叶磨碎样中的茶多酚用 70% 的甲醇在 70℃ 水浴上提取，福林酚（Folin-Ciocalteu）试剂氧化茶多酚中-OH 基团并显蓝色，最大吸收波长 λ 为 765nm，用没食子酸作校正标准定量茶多酚。

9. 仪器

9.1　分析天平：感量 0.001g；

9.2　水浴：70℃±1℃；

9.3　离心机：转速 3500r/min；

9.4　分光光度计。

10. 试剂

本标准所用水均为重蒸馏水，除特殊规定外，所用试剂为分析纯。

10.1　乙腈：色谱纯；

10.2　甲醇：色谱纯；

10.3　碳酸钠（Na_2CO_3）；

10.4　甲醇水溶液（体积比）：7∶3；

10.5　福林酚（Folin-Ciocalteu）试剂；

10.6　10％福林酚（Folin-Ciocalteu）试剂（现配）：将 20ml 福林酚（Folin-Ciocalteu）试剂（10.5）转移到 200ml 容量瓶中，用水定容并摇匀；

10.7　7.5％ Na_2CO_3（质量浓度）：称取 37.50g ± 0.01g Na_2CO_3（10.3），加适量水溶剂，转移至 500ml 容量瓶中，定容至刻度，摇匀（室温下可保存 1 个月）；

10.8　没食子酸标准储备溶液（1000μg/ml）：称取 0.110 ± 0.001g 没食子酸（GA，相对分子质量 188.14），于 100ml 容量瓶中溶解并定容至刻度，摇匀（现配）；

10.9　没食子酸工作液：用移液管分别移取 1.0ml、2.0ml、3.0ml、4.0ml、5.0ml 没食子酸标准储备溶液（10.8）于 100ml 容量瓶中，分别用水定容至刻度，摇匀，浓度分别为 10μg/ml、20μg/ml、30μg/ml、40μg/ml、50μg/ml。

11. 操作方法

11.1　供试液的制备

11.1.1　母液：按 6.3.2.1 制备。

11.1.2 测试液：移取母液（11.1.1）1.0ml 于 100ml 容量瓶中，用水定容至刻度，摇匀，待测。

11.2 测定

11.2.1 用移液管分别移取没食子酸工作液（10.9）、水（作空白对照用）及测试液（11.1.2）各 1.0ml 于刻度试管内，在每个试管内分别加入 5.0ml 的福林酚（Folin-Ciocalteu）试剂（10.6），摇匀。反应 3～8min，加入 4.0ml 7.5％ Na_2CO_3 溶液（10.7），加水定容至刻度，摇匀。室温下放置 60min，用 10mm 比色皿、在 765nm 波长条件下用分光光度计测定吸光度（A）。

11.2.2 根据没食子酸工作液（10.9）的吸光度（A）与各工作液的没食子酸浓度，制作标准曲线。

12. 结果计算

12.1 比较试样和标准工作液的吸光度，按式（4）计算：

$$茶多酚(\%) = (A \times V \times d) / (SLOPE_{std} \times m \times m_1 \times 10000) \times 100\%$$

（4）

式中 A——样品测试液吸光度；

V——样品提取液体积，10ml；

d——稀释因子（通常为 1ml 稀释成 100ml，则其稀释因子为 100）；

$SLOPE_{std}$——没食子酸标准曲线斜率；

m——样品干物质含量，％；

m_1——样品质量，g。

12.2 重复性

同一样品的两次测定值，每 100g 试样不得超过 0.5g，若测定值相对误差在此范围，则取两次测定值的算术平均值为结果，保留小数点后一位。

13. 注意事项

样品吸光度应在没食子酸标准工作曲线的校准范围内，若样品吸

光度高于 $50\mu g/ml$ 浓度的没食子酸标准工作溶液的吸光度，则应重新配制高浓度没食子酸标准工作液进行校准。

三、 茶 游离氨基酸总量测定（GB/T 8314—2013）

1. 范围

规定了对茶叶中游离氨基酸总量测定的原理、仪器和用具、试剂和溶液、操作方法及结果计算方法；适用于茶叶中游离氨基酸总量的测定。

2. 引用标准

GB/T 8302 茶 取样

GB/T 8303 茶 磨碎试样的制备及其干物质含量测定

GB/T 8312 茶 咖啡碱测定

GB/T 8313 茶 茶多酚测定

3. 定义

本标准采用下列定义。

游离氨基酸：茶叶水浸出物中呈游离状态存在的具有 α-氨基的有机酸。

4. 原理

α-氨基酸在 pH8.0 的条件下与茚三酮共热，形成紫色络合物，用分光光度法在特定的波长下测定其含量。

5. 仪器和用具

实验室常规仪器及下列各项。

5.1 分析天平：感量 0.001g；

5.2 分光光度仪。

6. 试剂和溶液

所用试剂应为分析纯（AR），水为蒸馏水。

6.1　pH8.0 磷酸盐缓冲液：按 GB/T 8313—2002 中 6.2 的规定，配制 1/15mol/L 磷酸氢二钠（6.2.1）和 1/15 mol/L 磷酸二氢钾（6.2.2）溶液。然后取 1/15mol/L _ 的磷酸氢二钠溶液 95ml 和 1/15mol/L 磷酸二氢钾溶液 5ml，混匀。

6.2　2％茚三酮溶液：称取水合茚二酮（纯度不低于 99）2 g，加 50ml 水和 80mg 氯化亚锡（$SnCl_2 \cdot 2H_2O$）搅拌均匀。分次加少量水溶解，放在暗处，静置一昼夜，过滤后加水定容至 100ml。

6.3　茶氨酸或谷氨酸标准液：称取 250mg 茶氨酸或谷氨酸（纯度不低于 99％）定溶于 25ml 容量瓶中，加水定容至 25ml 作为标准储备液，该储备液 1ml 相当于 10mg 茶氨酸或谷氨酸。

6.4　移取 0、1.0ml、1.5ml、2.0ml、2.5ml、3.0ml 标准储备液（6.3），分别加水定容于 50ml 容量瓶做工作液，摇匀，该系列标准工作 1ml 液相当于 0、2.0mg、3.0mg、4.0mg、5.0mg、6.0mg 茶氨酸或谷氨酸。

7. 操作方法

7.1　取样：按 GB/T8302 的规定。

7.2　试样制备：按照 G B/T8303 的规定。

7.3　测定步骤

7.3.1　试液的制备：按 GB /T 8312 中 4.4.1 的规定。

7.3.2　测定：准确吸取试液（7.3.1）1ml，注入 25ml 的容量瓶中，加 0.5ml pH8.0 磷酸盐缓冲液（6.1）和 0.5ml 2％茚三酮溶液（6.2），在沸水浴中加热 15min。待冷却后加水定容至 25ml。放置 10min 后，用 5mm 比色杯，在 570nm 处，以试剂空白溶液作参比，测定吸光度（A）。

7.3.3　氨基酸标准曲线的制作：分别吸取 0.0、1.0ml、1.5ml、2.0ml、2.5ml、3.0ml 氨基酸工作液（6.4）于一组 25ml 容量瓶中，各加水 4ml、pH 8.0 磷酸盐缓冲液（6.1）0.5ml 和 2％茚三酮溶液（6.2）0.5ml，在沸水浴中加热 15min，冷却后加水定容至 25ml，按 7.3.2 的操作测定吸光度（A）。将测得的吸光度与对应的茶氨酸或谷氨酸浓度绘制标准曲线。

8. 结果计算

8.1　计算方法

茶叶中游离氨基酸含量以干态质量分数表示，按下式计算

游离氨基酸总量(以茶氨酸或谷氨酸计)$=C\times V_1/(10\times V_2\times m\times\omega)\times 100\%$

式中　V_1——试液总量，ml；

　　　V_2——测定用试液量，ml；

　　　m——试样量，g；

　　　C——根据 7.3.2 测定的吸光度从标准曲线上查得的茶氨酸

　　　　　或谷氨酸的质量，mg；

　　　ω——试样干物质含量，%。

如果符合重复性（8.2）的要求，则取两次测定的算术平均值作为结果，结果保留小数点后一位。

8.2　重复性：在重复条件下同一样品获得的测定结果的绝对差值不得超过算术平均值的 10%。

四、　茶叶中茶氨酸的测定——高效色谱法

（GB/T 23193—2008）

1. 范围

本标准规定了用高效液相色谱法测定茶叶中茶氨酸含量的方法。

本标准适用于茶叶中茶氨酸德测定。

本标准检出限为 5.0mg/kg。

2. 规范性引用文件

GB/T 6682—2008　分析实验室用水规格和试验方法。

GB/T 8302　茶　取样。

GB/T8303—2002　茶　磨碎试样的制备及其干物质含量测定。

3. 原理

茶叶样品中茶氨酸经水加热提取、净化脱色、衍生化处理后，采用高效液相色谱仪进行测定，与标准系列比较定量。

4. 试剂

除非另有说明，在分析中所用试剂均为分析纯，用水为 GB/T 6682—2008 规定的三级水。

4.1 茶氨酸标准品（L-theanine）：纯度≥99%；

4.2 邻苯二甲醛（OPA）；

4.3 乙硫醇；

4.4 硼酸；

4.5 氢氧化钠；

4.6 乙腈：色谱级；

4.7 甲醇：色谱级；

4.8 0.45μm 无机滤膜；

4.9 C_{18} 固相萃取柱；

4.10 乙酸铵溶液（20mmol/L）：称取 1.54g 乙酸铵，用水溶解定容至 1000ml；

4.11 硼酸钠缓冲液（0.4mol/L）：称取 2.48g 硼酸和 1.41g 氢氧化钠，用水溶解定容至 100ml；

4.12 衍生试剂：称取 0.1g OPA 用 10ml 甲醇溶解，加 0.1ml 乙硫醇，用 0.4mol/L 硼酸钠缓冲液定容至 100ml；

4.13 茶氨酸标准储备液：称取 0.05g 茶氨酸（精确到 0.0001g），用水溶解后移入 50ml 容量瓶中，稀释至刻度，混匀，此溶液每毫升含 1mg 茶氨酸；

4.14 茶氨酸标准使用液：分别准确吸取茶氨酸标准储备液（1mg/ml）0.0ml、0.1ml、0.2ml、0.5ml、1.0ml、1.5ml、2.0ml，用水定容至 10ml，得到浓度分别为 0.0mg/ml、0.01mg/ml、0.02mg/ml、

0.05mg/ml、0.10mg/ml、0.15mg/ml、0.20mg/ml 的茶氨酸标准使用液。

5. 仪器

5.1 高效液相色谱仪（配有紫外检测器）；

5.2 柱前衍生装置；

5.3 离心机；

5.4 振摇恒温水浴锅；

5.5 分析天平：感量 0.0001g。

6. 测定步骤

6.1 样品处理

6.1.1 按照 GB/T8303—2002 进行样品制备，按照 GB/T8302 进行取样。

6.1.2 茶叶样品经磨碎混匀后，准确称取 0.5g（精确到 0.0001g），加水 100ml，在 80℃振摇恒温水浴锅中浸提 45min，冷却后将浸提液离心、过滤，上清液混匀待用。

6.1.3 将 C_{18} 固相萃取柱经 5ml 甲醇活化，用 5ml 水平衡后，将试液过 C_{18} 固相萃取柱进行净化，再经 0.45μm 的微孔滤膜过滤到棕色自动进样瓶中，待衍生用。

6.1.4 衍生化（选一）。

6.1.4.1 样品自动柱前衍生程序

a) 抽取样品提取液 5.0μl；

b) 冲洗进样针端口 5.0s；

c) 抽取衍生液 5.0μl；

d) 冲洗进样针端口 5.0s；

e) 混合 30 次（混合时间为 2min 左右）；

f) 进样。

6.1.4.2 样品手动柱前衍生

准确吸取茶氨酸标准使用液（或样品试液）0.5ml 于棕色自动进

样瓶中混匀，临进样前加入 0.5ml OPA 衍生试剂，反应 2min 后，立即取 10µl 进样。

6.2　测定

6.2.1　色谱条件

色谱柱：C_{18} 色谱柱，5µm，4.6mm×250mm；或相当者。

流动相：

A：20mmol/L 乙酸铵溶液；

B：20mmol/L 乙酸铵溶液：甲醇：乙腈＝1：2：2（体积比）；

V_A：V_B＝1：1。

流速：1.0mL/min。

柱温：40℃。

进样量：10µl。

检测波长：338nm。

6.2.2　标准工作曲线

6.2.2.1　按 6.1.4.1 和 6.2.1 进行色谱分析，以峰面积-浓度作图，绘制标准曲线和回归方程。标准样品色谱图。

6.2.2.2　按 6.1.4.2 和 6.2.1 进行色谱分析，以峰面积-浓度作图，绘制标准曲线和回归方程。

6.2.3　试样测定：取已制备好的试样按色谱条件（6.2.1）进行测定，记录色谱峰的保留时间和峰面积，试样与标准溶液的衍生化处理至进样的时间应保持一致。由色谱峰的峰面积可以从标准曲线上求出相应的茶氨酸的浓度。样品溶液中被测物的响应值均应在仪器测定的线性范围之内。

7. 分析结果的计算

茶叶中茶氨酸含量按下式进行计算：

$$X＝C×V×1000/(m×1000)$$

式中　X——样品中茶氨酸的含量，g/kg；

　　　C——样品浓度，mg/ml；

　　V——最终定容后样品的体积，ml；

　　M——样品质量，g。

计算结果保留小数点后两位有效数字。

8. 精密度

在重复条件下获得的两次独立测定结果的绝对差值不得超过算术平均值的 10%。

五、 茶　粗纤维测定（GB/T 8310—2013）

1. 范围

规定了对茶叶中粗纤维测定的原理、仪器和用具、试剂和溶液、操作方法及结果计算方法；适用于茶叶中粗纤维含量的测定。

2. 引用标准

下列标准所包含的条文，通过在本标准中引用而构成为本标准的条文。本标准出版时，所示版本均为有效。所有标准都会被修订，使用本标准的各方应探讨使用下列标准最新版本的可能性。

GB/T8302　茶　取样

GB/T8303　茶　磨碎试样的制备及其干物质含量测定

3. 原理

用一定浓度的酸、碱消化处理试样，留下的残留物，再经灰分、称量。由灰化时的质量损失计算粗纤维含量。

4. 仪器和用具

实验室常规仪器及下列各项：

4.1　分析天平：感量 0.001g；

4.2　尼龙布：孔径 $50\mu m$（相当于 300 目）；

4.3　玻质砂芯坩埚：微孔平均直径 $80\sim160\mu m$，体积 30ml；

4.4　高温炉：$525℃\pm25℃$；

4.5　鼓风电热恒温干燥箱：温控 120℃±2℃；

4.6　干燥器：盛装有效干燥剂。

5. 试剂和溶液

所用试剂应为分析纯（AR）。水为蒸馏水。

5.1　1.25％硫酸溶液：吸取 6.9ml 浓硫酸（密度为 1.84g/ml，质量分数为 98.3％），缓缓加入少量水中，冷却后定容至 1L，摇匀；

5.2　氢氧化钠：1.25％溶液；

5.3　1％盐酸溶液体积分数：取 10ml 浓盐酸（密度为 1.18g/ml，质量分数为 37.5％），加水定容至 1L，摇匀；

5.4　95％乙醇；

5.5　丙酮。

6. 操作方法

6.1　取样：按 GB/T8302 的规定。

6.2　试样制备：按 GB/T8303 的规定。

6.3　测定步骤

6.3.1　酸消化：称取试样（6.2）约 2.5g（准确至 0.001g）于 400ml 烧杯中，加入约 100℃的 1.25％硫酸溶液（5.1）200ml，放在电炉上加热（在 1min 内煮沸）。准确微沸 30min，并随时补加热水，以保持原溶液的体积。移去热源，将酸消化液倒入内铺 50μm 尼龙布（4.2）的布氏漏斗中，缓缓抽气减压过滤，并用每次 50ml 沸蒸馏水洗涤残渣，直至中性，10min 内完成。

6.3.2　碱消化：用约 100℃的 1.25％氢氧化钠（5.2）200ml，将尼龙布上的残渣全部洗入原烧杯中，放在电炉上加热（在 1min 内煮沸）。准确微沸 30min，并随时补加热水，以保持原溶液的体积。将碱消化液连同残渣倒入连接抽滤瓶的玻质砂芯坩埚（4.3）中，缓缓抽气减压过滤，用 50ml 左右沸蒸馏水洗涤残渣，再用 1％盐酸（5.3）洗涤一次，然后用沸蒸馏水洗涤数次，直至中性，最后用乙醇

（5.4）洗涤二次，丙酮洗涤三次。并抽滤至干，除去溶剂。

6.3.3 干燥：将上述坩埚及残留物移入干燥箱（4.5）中，120℃烘4h。放在干燥器（4.6）中冷却，称量（准确至0.001g）。

6.3.4 灰化：将已称量的坩埚，放在高温炉（4.4）中，525℃±25℃灰化2h，待炉温降至300℃左右时，取出于干燥器（4.6）中冷却，称量（精确至0.001g）。

7. 结果计算

7.1 计算方法

茶叶中粗纤维含量以干态质量分数表示，按下式计算：

$$粗纤维（\%）=(m_1-m_2)/(m_0 \times \omega) \times 100\%$$

式中 m_0——试样的质量，g；

m_1——灰化前坩埚及残留物的质量，g；

m_2——灰化后坩埚、灰分的质量，g；

ω——试样干物质含量，%。

如果符合重复性（7.2）的要求，取两次测定的算术平均值作为结果，结果保留小数点后一位。

7.2 重复性：在重复条件下同一样品获得的测定结果的绝对差值不得超过算术平均值的5%。

微博神聊 ⌄
- -

用图文并茂的微信（微博）形式说明"黄茶及与其他茶类之间区别联系"，并将该条微信（微博）发到朋友圈（微博空间）与大家交流。

黄茶国家标准
(GB/T 21726—2008)

1. 范围

本标准规定了黄茶的分类、要求、试验方法、检验规则、标志标签、包装、运输和贮存。

本部分适用于茶树（*Camellia sinensis* L. O. kunts）的芽、叶、嫩茎为原料，经杀毒、揉捻、闷黄、干燥等工艺制成的黄茶。

2. 规范性引用文件

下列文件中的条款通过本标准的引用而成为本标准的条款。凡是注日期的引用文件，其随后所有的修改单（不包括勘误的内容）或修订版均不适用于本部分，然而，鼓励根据本部分达成协议的各方面研究是否可使用这些文件的最新版本。凡是不注日期的引用文件，其最新版本适用于本部分。

GB/T191 包装储运图标标志

GB 2762 食品中污染物限量

GB 2763 食品中农药最大残留限量

GB 7718 预包装食品标签通则

GB/T8302 茶　取样

GB/T8303 茶　磨碎试样的制备及其干物质含量测定

GB/T8304 茶　水分测定

GB/T8305 茶　水浸出物测定

GB/T8306 茶　总灰分测定

GB/T8307 茶　水溶性灰分和水不溶性灰分测定

GB/T8308 茶　水溶性灰分碱度测定

GB/T8310 茶　粗纤维测定

GB/T8311 茶粉末和碎茶含量测定

SB/T10035 茶叶销售包装通用技术条件

SB/T10037 红茶、绿茶、花茶运输包装

SB/T10157 茶叶感官评审方法

定量包装商品计算监督管理法国家质量监督检验检疫总局（2005）第 75 号令

3. 分类

根据鲜叶原料和加工要求的不同，黄茶产品分为芽型（单芽或一芽一叶初展）、芽叶型（一芽一叶、一芽二叶初展）和大叶型（一芽多叶）三种。

4. 要求

4.1　基本要求

具有正常的色、香、味，不含有非茶类物质，无异味，无异臭，无劣变。

4.2　感官品质

应符合表 1 的规定。

表 1　黄茶的感官品质要求

种类	要求							
	外形					内质		
	形状	整碎	净度	色泽	香气	滋味	汤色	叶底
芽型	针形或雀舌形	匀齐	净	杏黄	清鲜	甘甜醇厚	嫩黄明亮	肥嫩黄亮
芽叶型	自然型或条形、扁形	较匀齐	净	浅黄	清高	醇厚回甘	黄明亮	柔嫩黄亮
大叶型	叶大多梗，卷曲略松	尚匀	有梗片	褐黄	纯正	浓厚醇和	深黄明亮	尚软，黄尚亮

4.3 理化指标

应符合表 2 规定。

表 2 黄茶的理化指标

项目	指标		
	芽型	芽叶型	大叶型
水分(质量分数)/%≤	7.0		
总灰分(质量分数)/%	7.0		
粉末(质量分数)/%≤	2.0	3.0	6.0
水浸出物(质量分数)/%≥	32		
水溶性灰分(质量分数)/%≥	45		
水溶性灰分碱度(以 KOH 计)(质量分数)/%	≥1.0ᵃ；≤3.0ᵃ		
酸不溶性灰分(质量分数)/%≤	1.0		
粗纤维(质量分数)/%≤	16.5		

注：水浸出物、水溶性灰分、水溶性灰分碱度、酸不溶性灰分、粗纤维为参考指标。

ᵃ 当以每 100g 磨碎样品的毫克分子表示水溶性灰分碱度时；其限量为：最小值 17.8，最大值 53.6。

4.4 卫生指标

4.4.1 污染物限量的要求应符合 GB 2762 的规定。

4.4.2 农药残留限量的要求应符合 GB 2763 的规定。

4.5 净含量

应符合《定量包装商品计量监督管理办法》的规定。

5. 试验方法

5.1 取样按 GB/T8302 的规定执行。

5.2 感官品质检验按 SB/T10157d 的规定执行。

5.3 试样的制备按 GB/T8303d 的规定执行。

5.4 水分检验按 GB/T8304 的规定执行。

5.5 总灰分检验按 GB/T8306d 的规定执行。

5.6 粉末检验按 GB/T8311 的规定执行。

5.7 水浸出物检验按 GB/T8305 的规定执行。

5.8 水溶性灰分检验按 GB/T8307 的规定执行。

5.9 水溶性灰分检验按 GB/T8309 的规定执行。

5.10 酸不溶性灰分检验按 GB/T8308 的规定执行。

5.11 粗纤维检验按 GB/T8310 的规定执行。

5.12 卫生指标检验按 GB2762 和 GB2763 的规定执行。

6. 检验规则

6.1 取样

6.1.1 取样以"批"为单位，同一批投料生产、同一班次加工过程中形成的独立数量的产品为一个批次，同批次产品的品质和规格应一致。

6.1.2 取样按 GB/T8302 的规定执行。

6.2 检验分类

6.2.1 出厂检验

每批产品均应做出厂检验，经检验合格签发合格证后，方可出厂，出厂检验项目为感官品质、水分、粉末和净含量。

6.2.2 型式检验

型式检验项目为本部分第四章要求中的全部项目，检验周期每年一次。有下列情况之一时，应进行型式检验：

a）如原料有较大改变，可能影响产品质量时；

b）出厂检验结果与上一次型式检验结果有较大出入时；

c）国家法定质量监督机构提出型式检验要求时。

6.3 判断规则

按第 4 章要求的项目，任一项不符合规定的产品均判为不合格产品。

6.4 复验

对检验结果有争议时，应对留存样或在同批产品中重新按 CB/T8302 规定加倍取样进行不合格项目的复验，以复验结果为准。

7. 标志标签、包装、运输和贮存

7.1 标志标签

产品的标志应符合 GB/T191 的规定。运输包装应符合 SB/T10037 的规定。

7.2 包装

销售包装应符合 SB/T10035 的规定。运输包装应符合 SB/T10037 的规定。

7.3 运输

运输工具应清洁、干燥、无异味、无污染。运输时应有防雨、防潮、防曝晒措施。严禁与有毒、有害、有异味、易污染的物品混装、混运。

7.4 贮存

产品应在包装状态下贮存于清洁、干燥、无异气味的专用仓库中。严禁与有毒、有害、有异味、易污染的物品混放。仓库周围应无异气污染。

附录二

茶叶分类国家标准
(GB/T 30766—2014)

前　言

本标准按照 GB/T 1.1—2009 给出的规则起草。

本标准由中华全国供销合作总社提出。

本标准由全国茶叶标准化技术委员会（SAC/TC 339）归口。

本标准起草单位：中华全国供销合作总社杭州茶叶研究院、中国标准化研究院、安徽农业大学、福建农林大学。

本标准主要起草人：翁昆、席兴军、宛晓春、赵玉香、李立祥、孙威江、张亚丽。

茶叶分类

1　范围

本标准规定了茶叶的术语和定义、分类原则和类别。

本标准适用于茶叶的生产、科研、教学、贸易、检验及相关标准的制定。

2　术语和定义

下列术语和定义适用于本文件。

2.1

鲜叶 fresh leave

从适制品种山茶属茶种茶树（*Camellia sinensis* L. O. kunts）上采摘的芽、叶、嫩茎，作为各类茶叶加工的原料。

2.2

茶叶 tea

以鲜叶为原料，采用特定工艺加工的、不含任何添加物的、供人们饮用或食用的产品。

2.3

萎凋 withering

鲜叶在一定的温、湿度条件下均匀摊放，使其萎蔫、散发水分的过程。

2.4

杀青 enzyme inactivation

采用一定温度，使鲜叶中的酶失去活性，或称将酶钝化的过程。

2.5

做青 fine manipulation

在机械力作用下，鲜叶叶缘部分受损伤，促使其内含的多酚类物质部分氧化、聚合，产生绿叶红边的过程。

2.6

闷黄 heaping for yellowing

将杀青或揉捻或初烘后的鲜叶趁热堆积，使其在湿热作用下逐渐黄变的过程。

2.7

发酵 enzymatic reaction

在一定的温、湿度条件下，鲜叶内含物发生以多酚类物质酶促氧化为主体的、形成叶红变的过程。

2. 8

　　渥堆　pile

　　任一定的温、湿度条件下，通过茶叶堆积促使其内含物质缓慢变化的过程。

2. 9

　　绿茶　green tea

　　以鲜叶为原料，经杀青、揉捻、干燥等加工工艺制成的产品。

2. 10

　　红茶　black tea

　　以鲜叶为原料，经萎凋、揉捻（切）、发酵、干燥等加工工艺制成的产品。

2. 11

　　黄茶　yellow tea

　　以鲜叶为原料，经杀青、揉捻、闷黄、干燥等生产工艺制成的产品。

2. 12

　　白茶　white tea

　　以特定茶树品种的鲜叶为原料，经萎凋、干燥等生产工艺制成的产品。

2. 13

　　乌龙茶　oolong tea

　　以特定茶树品种的鲜叶为原料，经萎凋、做青、杀青、揉捻、干燥等特定工艺制成的产品。

2. 14

　　黑茶　dark tea

　　以鲜叶为原料，经杀青、揉捻、渥堆、干燥等加工工艺制成的产品。

2. 15

再加工茶 reprocessing tea

以茶叶为原料，采用特定工艺加工的、供人们饮用或食用的产品。

3 分类原则

以加工工艺、产品特性为主，结合茶树品种、鲜叶原料、生产地域进行分类。

4 类别

4.1 绿茶

4.1.1 炒青绿茶

干燥工艺主要采用炒或滚的方式制成的产品。

4.1.2 烘青绿茶

干燥工艺主要采用烘的方式制成的产品。

4.1.3 晒青绿茶

干燥工艺主要采用日晒的方式制成的产品。

4.1.4 蒸青绿茶

杀青工艺采用蒸汽导热方式制成的产品。

4.2 红茶

4.2.1 红碎茶

采用揉、切等加工工艺制成的颗粒（或碎片）形产品。

4.2.2 工夫红茶

采用揉捻等加工工艺制成的条形产品。

4.2.3 小种红茶

采用揉捻加工等特定工艺经熏松烟制成的条形产品。

4.3 黄茶

4.3.1 芽型

采用茶树的单芽或一芽一叶初展加工制成的产品。

4.3.2　芽叶型

采用茶树的一芽一叶或一芽二叶初展加工制成的产品。

4.3.3　多叶型

采用茶树的一芽多叶加工制成的产品。

4.4　白茶

4.4.1　芽型

采用单芽或一芽一叶初展的鲜叶制成的产品。

4.4.2　芽叶型

采用一芽一叶或一芽二叶初展的鲜叶制成的产品。

4.4.3　多叶型

采用一芽二叶或多叶的鲜叶制成的产品。

4.5　乌龙茶

4.5.1　闽南乌龙茶

采用闽南地区特定茶树品种的鲜叶，经特定的加工工艺制成的圆结形或卷曲形产品。

4.5.2　闽北乌龙茶

采用闽北地区特定茶树品种的鲜叶，经特定的加工工艺制成的条形产品。

4.5.3　广东乌龙茶

采用广东潮州、梅州地区特定茶树品种的鲜叶，经特定的加工工艺制成的条形产品。

4.5.4　台式（湾）乌龙茶

采用台湾地区特定品种或以其他地区特定品种的鲜叶，经台湾传统加工工艺制成的颗粒形产品。

4.5.5　其他乌龙茶

其他地区采用特定茶树品种的鲜叶，经特定的加工工艺制成产品。

4.6 黑茶

4.6.1 湖南黑茶

湖南地区的鲜叶经特定加工工艺制成的产品。

4.6.2 四川黑茶

四川地区的鲜叶经特定加工工艺制成的产品。

4.6.3 湖北黑茶

湖北地区的鲜叶经特定加工工艺制成的产品。

4.6.4 广西黑茶

广西地区的鲜叶经特定加工工艺制成的产品。

4.6.5 云南黑茶

云南地区的鲜叶经特定加工工艺制成的产品。

4.6.6 其他黑茶

其他地区的鲜叶经特定加工工艺制成的产品。

4.7 再加工茶

4.7.1 花茶

以茶叶为原料，经整型、加天然香花窨制、干燥等加工工艺制成的产品。

4.7.2 紧压茶

以茶叶为原料，经筛分、拼配、汽蒸、压制成型、干燥等加工工艺制成的产品。

4.7.3 袋泡茶

以茶叶为原料，经加工形成一定的规格后，用过滤材料加工制成的产品。

4.7.4 粉茶

以茶叶为原料，经特定加工工艺加工制成具有一定粉末细度的产品。

参 考 文 献

[1] 张星海. 茶叶生产与加工技术 [M]. 杭州：浙江工商大学出版社，2011.

[2] 张星海. 茶店经营与网店营销 [M]. 杭州：浙江工商大学出版社，2011.

[3] 张星海. 农产品深加工与创新创业 [M]. 北京：化学工业出版社，2012.

[4] 张星海，龚恕，周晓红等. 智能专家型名优茶审评系统的设计与研究 [J]. 茶叶科学，2012，32（02）：167-172.

[5] 邬新荣，王岳飞，张士康等. 茶多酚保健功能研究进展与保健食品开发 [J]. 茶叶科学，2010.30（S1）：501-505.

[6] 屠幼英. 茶与健康 [M]. 北京：世界图书出版公司，2011.

[7] 程启坤，姚国坤，张莉颖. 茶及茶文化二十一讲 [M]. 上海：上海文化出版社，2011.

[8] 王岳飞，徐平. 茶文化与茶健康 [M]. 北京：旅游教育出版社，2014.

[9] 王岳飞. 科学饮茶之识茶性 辨体质（二）[J]. 茶博览，2013，11：76-77.

[10] 王岳飞. 科学饮茶之识茶性 辨体质（一）[J]. 茶博览，2013，9：78-79.

[11] 周继荣，倪德江，陈玉琼等. 黄茶加工过程品质变化的研究 [J]. 湖北农业科学，2004，（01）：93-95.

[12] 龚永新，蔡烈伟，蔡世文等. 闷堆对黄茶滋味影响的研究 [J]. 茶叶科学，2000，20（02）：110-113.

[13] 杨涵雨，周跃斌. 黄茶品质影响因素及加工技术研究进展 [J] 茶叶通讯，2013，40（02）：20-23.

[14] 刘晓慧. 山东黄茶叶加工工艺及品质研究 [D]. 泰安：山东农业大学，2010，06.

[15] 蒋灿，李赤翎，许凯杨. 黄茶降脂活性高通量筛选的研究 [J]. 食品科技，2014，39（08）：206-208.

[16] 陈玲. 黄茶闷黄工序及适制品种筛选研究 [D]. 长沙：湖南农业大学，2012，06.

[17] 孟爱丽，庞晓莉，温顺位等. 蒙顶黄芽香气特征及香气成分分析 [J]. 食品工业科技，2014，36（18）：106-112.

[18] 胡惜丽. 关于加快缙云县黄茶产业发展的思考 [J]. 中国茶叶，2013，（07）：16-17.

[19] 刘晓，齐桂年，胥伟. 黄茶品质形成机理研究进展 [J]. 福建茶叶，2009，（04）：2-4.

[20] 陈斌. 黄茶加工工艺 [J]. 农村新技术，2008，（12）：68-69.

[21] 周继荣，倪德江. 黄茶品质形成机理及加工工艺研究进展 [J]. 蚕桑茶叶通讯，2003，（03）：5-6.

［22］梅宇，申卫伟，伍萍．2013 全国黄茶产销形势分析报告［J］．茶世界，2013，（11）：48-54.

［23］郭正初．岳阳黄茶［M］．长春：吉林大学出版社，2013.

［24］周继荣，陈玉琼，孙娅等．鹿苑茶加工过程中品质的变化［J］．华中农业大学学报，2005，24（01）：88-92.

［25］金孝芳，罗正飞，童华荣．茶茶汤中主要滋味成分及滋味定量描述分析的研究［J］．食品工业科技，2012，（07）：343-346.

［26］虞富莲．名优茶与茶树品种（第三讲）［J］．中国茶叶加工，2010，（02）：37-39.